城市更新实务

齐霄汉　齐虹　著

中国建筑工业出版社

图书在版编目（CIP）数据

城市更新实务 / 齐霄汉，齐虹著 . -- 北京：中国
建筑工业出版社，2025.9. -- ISBN 978-7-112-31393-8

Ⅰ. TU984

中国国家版本馆 CIP 数据核字第 20250P1D77 号

责任编辑：胡欣蕊
责任校对：李美娜

城市更新实务

齐霄汉　　齐虹　著

*

中国建筑工业出版社出版、发行（北京海淀三里河路9号）

各地新华书店、建筑书店经销

北京龙达新润科技有限公司制版

河北鹏润印刷有限公司印刷

*

开本：850毫米×1168毫米　1/32　印张：5⅝　字数：151千字

2025年8月第一版　　2025年8月第一次印刷

定价：**30.00**元

ISBN 978-7-112-31393-8

（45342）

前　　言

城市更新是当前的一个热门话题。

党的二十大报告指出："坚持人民城市人民建、人民城市为人民，提高城市规划、建设、治理水平，加快转变超大特大城市发展方式，实施城市更新行动，加强城市基础设施建设，打造宜居、韧性、智慧城市。"这是以习近平同志为核心的党中央站在全面建设社会主义现代化国家、实现中华民族伟大复兴中国梦的战略高度，研判我国城市发展新形势作出的重大决策部署。

2025年5月2日，中共中央办公厅、国务院办公厅印发《关于持续推进城市更新行动的意见》，指出：实施城市更新行动，是推动城市高质量发展、不断满足人民美好生活需要的重要举措。

城市更新是指在城市规划的指导下，调动政府及社会力量，持续改善城市空间形态和功能，将城市中已经不适应现代化城市社会生活的地区作必要的、有计划地新建或改建活动。

城市更新内容主要包括：既有建筑改造利用；城镇老旧小区整治改造；完整社区建设；老旧街区、老旧厂区、城中村等更新改造；城市功能完善；城市基础设施建设改造；城市生态系统修复；历史文化保护传承等。

为更好地指导城市更新工作，近年来一些地方陆续出台了相关法规规章和规范性文件，一些省还编制了《城市更新工作指引》《城市更新规划编制指南》，城市更新工作逐步走上法治轨道。不少地方探索和创新了一大批可复制、可推广的城市更新工作经验，有力地推动了此项工作的开展。

笔者从事城市建设工作多年,对城市更新工作有一定的了解。在新形势下通过加强学习,力求掌握更多的城市更新相关知识,总结更多的经验做法,并结合实际思考若干问题、提出做好城市更新工作的建议,供从事城市更新及城市建设工作的同志参考。

目　　录

第一章　城市更新定义

第一节　城市更新的提出

城市更新是在 20 世纪末开展的大规模旧城改造的基础上起步的。进入 21 世纪，随着城市综合开发、房地产业的快速发展，迫切需要进一步对老旧城市的城区进行更新改造。在学术界，加快"旧城更新"、努力改善城市人居环境、大力推进城镇化进程的呼声日益高涨。

2011 年，我国城镇化率突破 50%，城镇化进程进一步加快。2014 年我国出台《国家新型城镇化规划（2014—2020年）》，对新型城镇化发展作出了具体部署。

2015 年 12 月中央城市工作会议召开，习近平总书记等党和国家领导人出席会议。会后中共中央、国务院印发《关于进一步加强城市规划建设管理的若干意见》，指出：城市是经济社会发展和人民生产生活的重要载体，是现代文明的标志。要贯彻"适用、经济、绿色、美观"的建筑方针，着力转变城市发展方式，着力塑造城市特色风貌，着力提升城市环境质量，着力创新城市管理服务，走出一条中国特色城市发展道路。

随后，国家相继出台《国务院关于加快棚户区改造工作的意见》（国发〔2013〕25 号）、《国务院办公厅关于推进城区老工业区搬迁改造的指导意见》（国办发〔2014〕9 号）等重要文件。住房和城乡建设部将海南省三亚市作为我国"生态修复、城市修补"（简称"城市双修"）的首个试点城市。2017 年，《住房城乡建设部关于加强生态修复城市修补工作的指导意见》（建规〔2017〕59 号）。在这一大背景下，北京、上海、广州、深圳等城市结合实际，纷纷提出全面推进城市更新工作，实现以重大事件提升城市发展活力的整体式城市更新、以产业结构升级和文化创意产业培育为导向的老工业区更新再利用、以历史文化保护为主题的历史街区保护性整治与更新、以改善困难人群居住环境为目标的棚户区与城中村改造，以及突出治理城市病和让群众有更多获得感的"城市双修"等多种类型、多个层次和多维角度的探索新局面。

2020年7月，《国务院办公厅关于全面推进城镇老旧小区改造工作的指导意见》（国办发〔2020〕23号）出台，城镇老旧小区改造工作全面铺开，以城镇老旧小区改造为重点的城市更新工作步伐加快。

2020年11月，党的十九届五中全会明确提出：实施城市更新行动，推进城市生态修复、功能完善工程，统筹城市规划、建设、管理，合理确定城市规模、人口密度、空间结构，促进大中小城市和小城镇协调发展。

2021年3月印发的《中华人民共和国国民经济和社会发展第十四个五年规划和2035年远景目标纲要》提出：加快转变城市发展方式，统筹城市规划建设管理，实施城市更新行动，推动城市空间结构优化和品质提升。加快推进城市更新，改造提升老旧小区、老旧厂区、老旧街区和城中村等存量片区功能，推进老旧楼宇改造，积极扩建新建停车场、充电桩。

2021年11月，《住房和城乡建设部办公厅关于开展第一批城市更新试点工作的通知》（建办科函〔2021〕443号），确定第一批试点自2021年11月开始，为期2年。重点开展以下工作：（1）探索城市更新统筹谋划机制。鼓励出台地方性法规、规章等，为城市更新提供法治保障。（2）探索城市更新可持续模式。探索建立政府引导、市场运作、公众参与的可持续实施模式。（3）探索建立城市更新配套制度政策。创新土地、规划、建设、园林绿化、消防、不动产、产业、财税、金融等相关配套政策。

2022年5月，国务院办公厅关于印发《城市燃气管道等老化更新改造实施方案（2022—2025年）》的通知指出：城市燃气管道等老化更新改造是重要民生工程和发展工程，有利于维护人民群众生命财产安全，有利于维护城市安全运行，有利于促进有效投资、扩大国内需求，对推动城市更新、满足人民群众美好生活需要具有十分重要的意义。

2022年10月，党的二十大报告提出：提高城市规划、建设、治理水平，加快转变超大特大城市发展方式，实施城市更新行动，加强城市基础设施建设，打造宜居、韧性、智慧城市。

2023年7月，《住房城乡建设部关于扎实有序推进城市更新工作的通知》（建科〔2023〕30号），要求各地按照党中央、国务院的部署，扎实有序推进实施城市更新行动。

2025年1月3日，国务院总理李强主持召开国务院常务会议，研究部署城市更新工作。会议指出：城市更新关系城市面貌和居住品质的提升，是扩大内需的重要抓手。要坚持问题导向和目标导向相结合，统筹推动城市结构优化、功能完善、品质提升，打造宜居、韧性、智慧城市。要加快推进城镇老旧小区、街区、厂区和城中村等改造，加强城市基础设施建设改造，完善城市功能，修复城市生态系统，保护和传承城市历史文化。要加强用地、资金等要素保障，盘活利用存量低效用地，统筹用好财政、金融资源，完善市场化融资模式，吸引社会资本参与城市更新。要坚持各地因地制宜进行创新探索，建立健全可持续的城市更新机制，推动城市高质量发展。

2025年5月2日，中共中央办公厅、国务院办公厅印发《关于持续推进城市更新行动的意见》，指出：实施城市更新行动，是推动城市高质量发展、不断满足人民美好生活需要的重要举措。坚持以习近平新时代中国特色社会主义思想为指导，深入贯彻党的二十大和二十届二中、三中全会精神，全面贯彻习近平总书记关于城市工作的重要论述，坚持稳中求进工作总基调，转变城市开发建设方式，建立可持续的城市更新模式和政策法规，大力实施城市更新，促进城市结构优化、功能完善、文脉赓续、品质提升，打造宜居、韧性、智慧城市。到 2030年，城市更新行动实施取得重要进展，城市更新体制机制不断完善，城市开发建设方式转型初见成效，安全发展基础更加牢固，服务效能不断提高，人居环境明显改善，经济业态更加丰富，文化遗产有效保护，风貌特色更加彰显，城市成为人民群众高品质生活的空间。

城市更新在注重城市内涵发展、提升城市品质、促进产业转型、加强土地集约利用的趋势下日益受到关注。可以说，一个城市更新时代已经来临。

第二节　城市更新目的意义

城市更新的目的，是进一步优化城市功能和空间布局，改善城市人居环境，加强历史文化保护传承，激发城市活力，促进城市高质量发展，不断满足人民美好生活需要。中共中央办公厅、国务院办公厅《关于持续推进城市更新行动的意见》指出：坚持以人民为中心，全面践行人民城市理念，建设好房子、好小区、好社区、好城区；坚持系统观念，尊重城市发展规律，树立全周期管理意识，不断增强城市的系统性、整体性、协调性；坚持规划引领，发挥发展规划战略导向作用，强化国土空间规划基础作用，增强专项规划实施支撑作用；坚持统筹发展和安全，防范应对城市运行中的风险挑战，全面提高城市韧性；坚持保护第一、应保尽保、以用促保，在城市更新全过程、各环节加强城市文化遗产保护；坚持实事求是、因地制宜，尽力而为、量力而行，不搞劳民伤财的"面子工程""形象工程"。

住房和城乡建设部相关文件指出：开展城市更新试点工作，就是要探索城市更新统筹谋划机制。加强工作统筹，建立健全政府统筹、条块协作、部门联动、分层落实的工作机制。坚持城市体检评估先行，合理确定城市更新重点，加快制定城市更新规划和年度实施计划，划定城市更新单元，建立项目库，明确城市更新目标任务、重点项目和实施时序。鼓励出台地方性法规、规章等，为城市更新提供法治保障。

开展城市更新试点工作，就是要探索城市更新可持续模式。探索建立政府引导、市场运作、公众参与的可持续实施模式。坚持"留改拆"并举，以保留利用提升为主，开展既有建筑调查评估，建立存量资源统筹协调机制。构建多元化资金保障机制，加大各级财政资金投入，加强各类金融机构信贷支持，完善社会资本参与机制，健全公众参与机制。

开展城市更新试点工作，就是要探索建立城市更新配套制度政策。创新土地、规划、建设、园林绿化、消防、不动产、产业、财税、金融等相关配套政策。深化工程建设项目审批制度改革，优化城市更新项目审批流程，提高审批效率。探索建立城市更新规划、建设、管理、运行、拆除等全生命周期管理制度。分类探索更新改造技术方法和实施路径，鼓励制定适用于存量更新改造的标准规范。

城市更新的意义，在于通过城市更新，提升城市功能和环境，使其更加适应现代化城市社会生活的需要。这包括加强基础设施和公共设施建设，优化区域功能布局，提升整体居住品质，改善城市人居环境等。通过城市更新，可以使城市每个角落都生机勃勃，让市民直接有获得感。

城市更新不仅仅是对老旧城区的改造，还包括对历史文化保护的关注。通过城市更新，可以加强对有历史价值的建筑物和地段的维修保护，以提高其品位和价值。这样不仅可以保护历史文化遗产，还可以塑造城市独特的文化风貌。

城市更新是推动城市高质量发展的必然要求。在过去的城市发展中，更多的是外延式发展，而现在城市的发展已经转向为城市更新，要靠内涵式发展的路线来提升城市的建设和城市的治理水平。通过城市更新，可以实现土地、能源、资源的节约集约利用，促进经济和社会可持续发展。

城市更新不仅可以提升城市的功能和环境,还可以促进地方经济的发展。通过城市的提升和改造,老百姓可以享受到更好的基础设施和更好的环境,同时也可以对相关产业进行再激活,使地方经济得到可持续发展。

城市更新还需要注重保护和改善城市生态环境。通过城市更新,可以增加绿地公园、绿色环保设施,扩展城市绿色生态生活空间,推动既有建筑绿色化改造,提高建筑的能源使用效率等,从而实现城市的绿色发展。

总的来说,城市更新是为了让城市更宜居、更韧性、更智慧,实现经济、社会、环境等多重发展目标。

第三节 城市更新主要任务

城市更新是依据城市规划对城市空间形态和城市功能的持续完善和优化调整,具体任务根据各城市实际而定。《中共中央办公厅 国务院办公厅关于持续推进城市更新行动的意见》归纳的城市更新 8 大任务有:

(1)既有建筑改造利用。对既有建筑改造利用,包括城镇危旧房屋改造、城镇房屋抗震加固、推进既有建筑适老化、适儿化改造、实施大型公共建筑应急功能提升改造等。

(2)城镇老旧小区改造整治。扎实推进"楼道革命"(管道、走道、烟道、垃圾道、通风井道);加快推进"环境革命"(整治小区及周边绿化、完善小区配套基础设施和公共服务设施,推进适老化和无障碍环境建设改造);切实推进"管理革命",坚持党建引领,结合改造同步建立由基层党组织领导、社区居民委员会、业主委员会和物业服务企业组成的联席会议制度,维护改造成果,提升物业服务水平。

(3)完整社区建设。包括社区基本公共服务设施、便民商业服务设施、市政配套基础设施、公共活动空间、物业管理和社区管理机制等建设内容。如配套建设社区综合服务站、托儿所、幼儿园、老年服务站、卫生服务站、超市、快递服务设施、完善水、电、路、气、热、环卫、绿化、停车及充电设施等。社区管理机制包括管理机制、综合管理服务和社区文化等。

（4）老旧街区、老旧厂区、城中村等更新改造。建设活力街区，鼓励采用"绣花"功夫对老旧街区进行织补式更新改造，推动功能转换、产业转型、活力提升，打造一批精品街道、城市客厅、创意园区。改造提升生活街区，打造15分钟生活圈；推进旧商业区、步行街等商业街区改造升级，丰富城市业态，增强城市"烟火气"；推动老旧厂区改造，活化利用闲置低效厂房，引入新业态，提升品质，激发活力；积极推进城中村改造；推动老旧火车站与周边老旧街区统筹实施更新改造。

（5）城市功能完善。优化城市功能布局，促进产城融合、职住平衡，统筹中心城区和周边新城新区发展。建立健全城市、街区、社区公共服务体系，形成多层级、全覆盖的公共服务网络，就近满足人民群众生活需求。加快城市道路、公共建筑、公共服务设施、绿地广场等无障碍设施环境建设和改造。加快完善群众健身设施和活动场地建设，打造休闲步道和健身生活圈。

（6）城市基础设施建设改造。加快城市燃气、供水、排水、污水、供热等地下管线管网和地下综合管廊建设改造；补足市政基础设施短板；推进生活垃圾分类；加快城市综合道路交通设施规划建设。

（7）城市生态系统修复。坚持治山、治水、治城一体化推进，建设蓝绿交织、灰绿相融、连续完整的城市生态基础设施。加快修复破损的山体、废弃矿山、采煤沉陷区生态，消除安全隐患，恢复自然形态。推进城市水系、水体、岸线、湿地修复，提高自然水系连通度，打造功能复合的亲水滨水空间。加强建设用地土壤污染风险管控和修复，促进废弃地安全再利用。合理布局城市"绿环、绿廊、绿楔、绿心"，建设布局均衡、功能完善、系统联通的公园体系。

（8）历史文化传承保护。城市历史文化空间的更新应以科学保护为前提，强化价值导向，坚持应保尽保；通过引入多元业态，推进活化利用；改善空间环境，适应发展需要；创新方式方法，筑牢安全底线；创造活力载体，融入生产生活；串联整合资源，联动区域发展。

第四节 城市更新应关注的重点

习近平总书记指出："坚持以人民为中心的发展思想。维护人民根本利益，增进民生福祉，不断实现发展为了人民、发展依靠人民、发展成果由人民共享，让现代化建设成果更多更公平惠及全体人民。"城市更新也不例外，解决城市居民"急、难、愁、盼"问题是城市更新工作应关注的重点。

（1）城市更新工作应该更加注重"以人为本"。城市居民是城市生存和发展的根本所在，城市更新必须处处体现"以人为本"原则。城市生活涉及人们的衣、食、住、行，无论是新兴城市还是原有城市，都存在需要更新的住房、小区及城市基础设施。因此，在实施城市更新过程中必须以普遍提高人民群众的生活质量为着重点。如开展对城市环境的综合整治，城市居民都非常关心，通过整治更新了必要的基础设施，绿化、美化、净化了城市环境，提高了城市居民的生活质量。

（2）城市更新工作应该更加注重"补齐短板"。各城市在建设与发展过程中难免存在一些不足之处，如有的城市供水能力不足，有的区域排水不畅、遇上大雨会产生严重积水，有的供气管网老旧泄漏，有的城市道路破损严重造成交通拥堵，有的城市尤其是老城区行道树稀少、公共绿地不足，有的周边公厕难寻等。城市更新应尽可能考虑将当地的这些"短板"补齐。

（3）城市更新工作应该更加注重"提高品质"。城市生活品质的提高离不开城市经济与社会的发展，离不开良好的城市基础设施。城市更新 8 大任务的实施，使城市基础设施不断完善，老旧小区改造成效明显,"城市双修"深入进行,历史文化传承得以保护,城市品质得到了较大的提高。2024 年 11 月,《中共中央办公厅 国务院办公厅关于推进新型城市基础设施建设打造韧性城市的意见》,对提高城市品质提出了具体要求,重点实施智能化市政基础设施建设和改造、推动智慧城市基础设施与智能网联汽车协同发展、发展智慧住区、提升房屋建筑管理智慧化水平、开展数字家庭建设、推动智能建造与建筑工业化协同发展、完善城市信息模型(CIM)平台、搭建完善城市运行管理服务平台。到 2030 年,新型城市基础设施建设取得显著成效,推动建成一批高水平韧性城市,城市安全韧性持续提升,城市运行更安全、更有序、更智慧、更高效。

(4)城市更新工作应该更加注重"促进发展"。发展是硬道理,城市更新工作要紧紧围绕促进城市经济和社会发展进行,优先安排有利于发展的项目。如有的城市因供水、供气能力不足而影响城市生产生活,有的因老旧小区、老旧厂区改造进展缓慢而影响投资环境,有的因"断头路""羊肠小道"偏多而容易造成城市交通拥堵,有的因文化、教育、医疗、娱乐等设施滞后而留不住人才等,这些制约城市发展的因素均应在实施城市更新过程中优先予以解决,以便让城市在更新过程中更加有生机活力,城市发展更加具有特色。

第二章 城市体检

第一节 体检内容

为确保城市更新工作的具体性和准确性，在开展大规模的城市更新之前，一般都要进行城市体检。

《中共中央办公厅 国务院办公厅关于持续推进城市更新行动的意见》明确：全面开展城市体检评估，建立发现问题、解决问题、评估效果、巩固提升的工作路径。

国务院领导在部署城市更新工作时强调：城市更新要坚持"先体检、后更新"的原则。

住房和城乡建设部明确要求坚持"先体检、后更新，无体检、不更新"；坚持问题导向，查找人民群众身边的"急、难、愁、盼"问题；坚持目标导向，找出影响城市竞争力、承载力和可持续发展的短板弱项。

2023年11月，《住房城乡建设部关于全面开展城市体检工作的指导意见》（建科〔2023〕75号）（以下简称《指导意见》），指出：要把城市体检作为统筹城市规划、建设、管理工作的重要抓手，整体推动城市结构优化、功能完善、品质提升，打造宜居、韧性、智慧城市。坚持问题导向，划细城市体检单元，从住房到小区（社区）、街区、城区（城市），找出群众反映强烈的难点、堵点、痛点问题。坚持目标导向，把城市作为"有机生命体"，以产城融合、职住平衡、生态宜居等为目标，查找影响城市竞争力、承载力和可持续发展的短板弱项。

关于体检内容，在《城市体检基础指标体系（试行）》中明确了4个维度共61项主要指标。住房维度：从安全耐久、功能完备、绿色智能方面设置房屋结构安全、管线管道、入户水质、建筑节能、数字家庭等指标；小区（社区）维度：从设施完善、环境宜居、管理健全方面设置养老、托育、停车、充电等指标；街区维度：从功能完善、整洁有序、特色活力等方面设置中学、体育场地、老旧街区指标；城区（城市）维度：从生态宜居、历史文化保护利用、产城融合（职住平衡）、安全韧性、智慧高效方面设置指标。

城市体检基础指标体系（试行）

维度		序号	指标项	体检内容
住房	安全耐久	1★	存在结构安全隐患的住宅数量（栋）	依托第一次全国自然灾害综合风险普查房屋建筑和市政设施调查数据成果,对住宅结构安全状况进行初步筛查,查找住宅的结构安全问题
		2	存在燃气安全隐患的住宅数量（栋）	查找既有住宅中运行年限满20年、经评估存在安全隐患的立管（含引入管、水平干管），以及居民用户存在使用橡胶软管、未加装安全装置等隐患问题
		3	存在楼道安全隐患的住宅数量（栋）	查找既有住宅中楼梯踏步、扶手、照明、安全护栏等设施损坏,通风井道堵塞、排风烟道堵塞或倒风串味、消防门损坏或无法关闭、高层住宅消火栓缺失或无水、灭火器缺失、安全出口或疏散出口指示灯损坏,以及占用消防楼梯、楼道、管道井堆放杂物,公共楼道停放自行车、电动自行车以及违规充电等问题
		4	存在围护安全隐患的住宅数量（栋）	查找既有住宅中存在外墙保温材料、装饰材料、悬挂设施、门窗玻璃破损、脱落等安全风险,以及存在屋顶、外墙、地下室渗漏积水等问题
	功能完备	5	非成套住宅数量(套)	按照《住宅性能评定标准》要求,调查既有住宅中没有厨房、卫生间等基本功能空间的情况

续表

维度		序号	指标项	体检内容
住房	功能完备	6★	存在管线管道破损的住宅数量(栋)	查找既有住宅中给水、排水、供热、供电、通信等管线管道和设施设备老化破损、跑冒滴漏、供给不足、管道堵塞等问题
		7★	需要进行适老化改造的住宅数量(栋)	查找建成时未安装电梯的多层住宅中具备加装电梯条件、但尚未加装改造的问题。具备条件的,可按照《无障碍设计规范》、既有住宅适老化改造相关标准要求,查找住宅出入口、门厅等公用区域以及住宅户内适老设施建设短板
		8	入户水质不达标的住宅数量(栋)	按照《生活饮用水卫生标准》要求,查找既有住宅由于管道锈蚀、水箱污染等造成水质不达标的原因及问题
	绿色智能	9	需要进行节能改造的住宅数量(栋)	按照《城乡建设领域碳达峰实施方案》要求,查找 2000 年以前建设的既有住宅中具备节能改造价值但尚未进行节能改造的住宅数量
		10	需要进行数字化改造的住宅数量(栋)	按照住房城乡建设部等部门《关于加快发展数字家庭提高居住品质的指导意见》要求,查找既有住宅中网络基础设施、安防监测设备、高层住宅烟雾报警器等智能产品设置存在的问题。针对有需要的老年人、残疾人家庭,查找在健康管理、紧急呼叫等智能产品设置方面存在的问题
小区(社区)	设施完善	11★	未达标配建养老服务设施的小区数量(个)	按照《社区老年人日间照料中心建设标准》《完整居住社区建设标准(试行)》等要求,查找养老服务设施配建缺失,以及生活照料、康复护理、助餐助行、上门照护、文化娱乐等养老服务不健全的问题
		12★	未达标配建婴幼儿照护服务设施的小区数量(个)	按照《托育机构设置标准(试行)》《完整居住社区建设标准(试行)》等要求,结合实际需求,查找婴幼儿照护服务设施配建缺失,以及对婴幼儿早期发展指导等照护服务不到位的问题

续表

维度		序号	指标项	体检内容
小区 (社区)	设施 完善	13	未达标配建幼儿园的小区数量(个)	按照《幼儿园建设标准》《完整居住社区建设标准(试行)》等要求,查找幼儿园配建缺失,以及普惠性学前教育服务不到位的问题
		14	小学学位缺口数(个)	以小学500m服务半径覆盖范围为原则,查找小学学位供给与适龄儿童就近入学需求方面的差距和不足
		15★	停车泊位缺口数(个)	按照《城市停车规划规范》《完整居住社区建设标准(试行)》等要求,查找现有停车泊位与小区居民停车需求的差距,以及停车占用消防通道等方面的问题
		16	新能源汽车充电桩缺口数(个)	按照《电动汽车分散充电设施工程技术标准》《完整居住社区建设标准(试行)》等要求,查找现有充电桩供给能力与小区居民新能源汽车充电需求的差距,以及充电桩在安装、使用、运维过程中存在的问题
		17	未配建电动自行车充电设施的小区数量(个)	按照国务院安委办《加强电动自行车全链条安全监管重点工作任务及分工方案》要求,查找未配建电动自行车集中室外充电设施和停放场所,以及乱拉飞线充电、消防安全管理不到位等问题
	环境 宜居	18★	未达标配建公共活动场地的小区数量(个)	按照《城市居住区规划设计标准》《完整居住社区建设标准(试行)》等要求,查找公共活动场地、公共绿地面积不达标,配套的儿童娱乐、老年活动、体育健身等设施设备不充足或破损,不符合无障碍设计要求,以及存在私搭乱建等问题
		19	不达标的步行道长度(千米)	按照《建筑与市政工程无障碍通用规范》《完整居住社区建设标准(试行)》等要求,查找人行道路面破损、宽度不足、雨后积水、夜间照明不足、铺装不防滑,不能联贯住宅和各类服务设施,以及不符合无障碍设计要求等问题
		20	未实施生活垃圾分类的小区数量(个)	按照住房城乡建设部等部门《关于进一步推进生活垃圾分类工作的若干意见》要求,查找没有实行垃圾分类制度,未建立分类投放、分类收集、分类运输、分类处理系统等方面问题

维度		序号	指标项	体检内容
小区 (社区)	管理 健全	21★	未实施物业管理的小区数量(个)	按照住房城乡建设部等部门《关于加强和改进住宅物业管理工作的通知》要求,查找未实行小区物业管理,未建立所在街道党(工)委统一协调,相关部门联动执法,协调解决物业管理问题的工作机制,未建立矛盾纠纷调解机制等问题
		22	需要进行智慧化改造的小区数量(个)	按照民政部、住房城乡建设部等部门《关于深入推进智慧社区建设的意见》要求,查找未安装智能信包箱、智能快递柜、智能安防设施及系统建设不完善等问题。有条件的,查找智慧社区综合信息平台建设、公共服务信息化建设等方面的差距和不足
街区	功能 完善	23	中学服务半径覆盖率(%)	调查分析中学1km服务半径覆盖的居住用地面积,占所在街道总居住用地面积的百分比,查找中学服务半径覆盖与适龄青少年就近入学需求方面的差距和不足
		24	未达标配建的多功能运动场地数量(个)	按照《城市社区多功能公共运动场配置要求》《城市居住区规划设计标准》要求,查找多功能运动场地配建缺失、场地面积不足、设施设备不完善、布局不均衡,以及没有向公众开放等问题
		25	未达标配建的文化活动中心数量(个)	按照《城市居住区规划设计标准》要求,查找文化活动中心配建缺失,或文化活动中心面积不足,青少年和老年活动设施、儿童之家服务功能不完善,布局不均衡,以及没有向公众开放等问题
		26★	公园绿化活动场地服务半径覆盖率(%)	按照"300m见绿,500m见园"以及公园绿地面积标准要求,调查分析公园绿化活动场地服务半径覆盖的居住用地面积,占所在街道居住用地总面积的百分比,查找公园绿化活动场地布局不均衡、面积不达标等问题
	整洁 有序	27★	存在乱停乱放车辆问题的道路数量(条)	按照《城市市容市貌干净整洁有序安全标准(试行)》要求,查找街道上机动车、非机动车无序停放、占用绿化带和人行道的问题

维度		序号	指标项	体检内容
街区	特色活力	28	需要更新改造的老旧商业街区数量(个)	查找老旧商业街区在购物、娱乐、旅游、文化等多功能多业态集聚、公共空间塑造、步行环境整治、运营服务等方面的问题与短板
		29	需要更新改造的老旧厂区数量(个)	查找老旧厂区在闲置资源盘活利用、新业态新功能植入、产业转型升级以及专业化运营管理等方面存在的问题和短板
		30★	需要更新改造的老旧街区数量(个)	查找老旧街区在既有建筑保留利用、公共服务设施配置、基础设施更新改造、文化记忆塑造以及功能转换、活力提升等方面存在的问题、短板和潜力
城区(城市)	生态宜居	31	城市生活污水集中收集率(%)	按照城市生活污水集中收集率不低于70%的目标,调查分析影响生活污水集中收集效能的各种因素,查找城市污水收集管网建设改造、运维等方面的差距和问题
		32★	城市黑臭水体数量(个)	按照深入打好城市黑臭水体治理攻坚战的要求,调查市辖区建成区内现存黑臭水体(包括返黑返臭水体)数量
		33	绿道服务半径覆盖率(%)	按照绿道服务半径覆盖率不低于70%的目标,调查分析市辖区建成区内绿道两侧1km服务半径覆盖的居住用地面积,占总居住用地面积的百分比,查找城市绿道长度、布局、贯通性、建设品质等方面的差距和问题
		34	人均体育场地面积(m²/人)	按照人均体育场地面积不低于2.6m²的目标,调查市辖区建成区内常住人口人均拥有的体育场地面积情况,查找城市体育场地、健身设施等方面的差距和问题
		35	人均公共文化设施面积(m²/人)	按照人均公共文化设施面积不低于0.2m²的目标,调查市辖区建成区内常住人口人均拥有的公共文化设施面积情况,查找城市公共文化设施、服务体系等方面的差距和问题

续表

维度	序号	指标项	体检内容
生态宜居	36	未达标配建的妇幼保健机构数量(个)	按照《2021—2030年中国妇女儿童发展纲要》要求,调查市辖区内没有配建妇幼保健机构或建设规模不达标的妇幼保健机构数量,查找城市妇幼保健机构建设规模不充足、服务体系不健全等方面的问题
	37	城市道路网密度(km/km^2)	按照道路网密度达到8km/km^{2}的目标,调查分析市辖区建成区内城市道路长度(包括快速路、主干路、次干路及支路)与建成区面积的比值,查找城市综合交通体系建设方面存在的差距和问题
	38★	新建建筑中绿色建筑占比(%)	按照城镇新建建筑全面建成绿色建筑的目标,调查分析当年市辖区内新开工绿色建筑面积占新开工建筑总面积的百分比,查找城市绿色建筑发展方面存在的差距和问题
城区(城市) 历史文化保护利用	39★	历史文化街区、历史建筑挂牌建档率(%)	按照历史文化街区、历史建筑挂牌建档率达到100%的目标,调查分析市辖区内完成挂牌建档的历史文化街区、历史建筑数量,占已认定并公布的历史文化街区、历史建筑总数量的百分比,查找历史文化名城、名镇、名村(传统村落)、街区、历史建筑和历史地段等各类保护对象测绘、建档、挂牌等方面存在的问题
	40	历史建筑空置率(%)	调查市辖区内闲置半年以上的历史建筑数量,占公布的历史建筑总数的百分比,查找城市历史建筑活化利用、以用促保等方面存在的问题
	41	历史文化资源遭受破坏的负面事件数量(起)	调查市辖区内文物建筑、历史建筑和各类具有保护价值的建筑,以及古树名木等历史环境要素遭受破坏的负面事件数量,查找城乡建设中历史文化遗产遭破坏、拆除,大规模搬迁原住居民等方面的问题
	42	擅自拆除历史文化街区内建筑物、构筑物的数量(栋)	调查市辖区历史文化街区核心保护范围内,未经有关部门批准,拆除历史建筑以外的建筑物、构筑物或者其他设施的数量,查找违规拆除或审批管理机制不健全等方面的问题

续表

维度		序号	指标项	体检内容
城区 (城市)	历史 文化 保护 利用	43	当年各类保护对象增加数量(个)	调查市辖区内已认定公布的历史文化街区、不可移动文物、历史建筑、历史地段、工业遗产等保护对象比上年度增加数量,查找历史文化资源调查评估机制不健全,未做到应保尽保的问题
	产城 融合、 职住 平衡	44	城市高峰期机动车平均速度(km/h)	按照城市快速路、主干路早晚高峰期平均车速分别不低于 30km/h、20km/h 的标准要求,调查工作日早晚高峰时段城市主干路及以上等级道路上各类机动车的平均行驶速度,查找城市交通拥堵情况
		45	轨道站点周边覆盖通勤比例(%)	参照超大城市≥30%、特大城市≥20%、大城市≥10%的目标,调查分析市辖区内轨道站点 800m 范围覆盖的轨道交通通勤量,占城市总通勤量的比例,查找城市轨道交通站点与周边地区上地综合开发、长距离通勤效能等方面存在的短板和问题
		46★	年度保障性住房占比(%)	调查分析当年市辖区新增保障性住房占当年新增住房供应的比例,摸清保障性住房需求与供应情况
		47	城中村改造完成率(%)	调查当年完成改造的城中村数量,占城镇开发边界内各类需要改造城中村总数量的比例,摸清本区域内城中村总量、分布、规模以及改造情况
	安全 韧性	48★	房屋市政工程安全生产事故数(起)	调查市辖区内房屋市政工程安全生产事故起数,查找城市房屋市政工程安全生产方面存在的问题
		49★	严重易涝积水点数量(个)	调查市辖区建成区内现存严重影响生产生活秩序的易涝积水点数量,查找城市排水防涝工程体系建设方面的差距和问题
		50	城市排水防涝应急抢险能力(万 m³/h)	按照《关于加强城市内涝治理的实施意见》的要求,调查分析市辖区建成区内配备的排水防涝抽水泵、移动泵车及相应配套的自主发电等排水防涝设施规模,查找城市排水防涝隐患排查和整治、专用防汛设备和抢险物资配备、应急响应和处置等方面存在的问题

维度		序号	指标项	体检内容
城区 (城市)	安全 韧性	51★	应急供水保障率(％)	按照《关于加强城市供水安全保障工作的通知》要求,调查市辖区应急供水能力占日常供水能力的比例,分析应急水源或备用水源建设达到《城市供水应急和备用水源工程技术标准》情况、供水应急响应机制建立情况,查找在水源突发污染、旱涝急转等不同风险状况下应急供水能力方面存在的问题
		52	"平急两用"公共基础设施数量(个)	调查超大特大城市"平急两用"公共基础设施数量,查找城市在应对有关突发公共事件能力方面存在的问题
		53	老旧燃气管网改造完成率(％)	调查分析市辖区建成区内老旧燃气管网更新改造长度,占老旧燃气管网总长度的百分比,查找城市老旧燃气管道和设施建设改造、运维养护等方面存在的差距和问题
		54	城市消防站服务半径覆盖率(％)	按照《城市消防站建设标准》要求,调查分析市辖区建成区内各类消防站服务半径覆盖的建设用地面积,占建设用地总面积的百分比,查找城市消防站建设规模不足、布局不均衡、人员配备及消防装备配置不完备等方面的问题
		55	安全距离不达标的加油加气加氢站数量(个)	按照《汽车加油加气加氢站技术标准》要求,查找安全距离不符合要求的汽车加油加气加氢站数量,以及布局不合理、安全监管不到位等方面的问题
		56	人均避难场所有效避难面积(m²/人)	按照人均避难场所的有效避难面积达到2m²/人的要求,调查分析市辖区建成区内避难场所有效避难面积,占常住人口总数的百分比,查找城市应急避难场所规模、布局及配套设施等方面存在的差距和问题

续表

维度		序号	指标项	体检内容
城区（城市）	智慧高效	57★	市政管网管线智能化监测管理率(%)	按照市政管网管线智能化监测管理率直辖市、省会城市和计划单列市≥30%、地级市≥15%的目标要求，调查分析市辖区内城市供水、排水、燃气、供热等管线中，可由物联网等技术进行智能化监测管理的管线长度，占市政管网管线总长度的百分比，查找城市在管网漏损和运行安全在线监测、及时预警和应急处置能力等方面存在的差距和问题
		58★	建筑施工危险性较大的分部分项工程安全监测覆盖率(%)	按照安全生产法关于"推行网上安全信息采集、安全监管和监测预警"的要求，调查分析市辖区房屋市政工程建筑起重机械、深基坑、高支模、城市轨道交通及市政隧道等安全风险监测数据接入城市房屋市政工程安全监管信息系统的项目数，占房屋市政工程在建工地数量的百分比，查找城市运用信息化手段，防范化解房屋市政工程领域重大安全风险方面存在的差距和问题
		59	高层建筑智能化火灾监测预警覆盖率(%)	参照高层建筑智能化火灾监测预警覆盖率达到100%的目标要求，调查分析市辖区建成区内配置了智能化火灾监测预警系统的高层建筑楼栋数量，占建成区高层建筑楼栋总数的百分比，查找城市在运用消防远程监控、火灾报警等智能信息化管理方面存在的差距和问题
		60	城市信息模型(CIM)基础平台建设三维数据覆盖率(%)	按照CIM基础平台建设三维数据覆盖率直辖市、省会城市和计划单列市≥60%、地级市≥30%的目标要求，调查分析城市CIM基础平台汇聚的三维数据投影面积，占建成区面积的百分比，查找市域三维模型覆盖、各领域应用等方面存在的差距和问题
		61	城市运行管理服务平台覆盖率(%)	调查分析市辖区建成区内城市运行管理服务平台覆盖的区域面积，占建成区总面积的百分比，查找城市运行管理服务平台建设、城市精细化管理方面存在的差距和问题

注：带★为核心指标。

《指导意见》还要求地方各级住房城乡建设部门要结合本地实际，在城市体检基础指标体系基础上增加特色指标，细化每项指标的体检内容、获取方式、评价标准、体检周期等，做到可量化、可感知、可评价。

第二节　体检方法

体检的方法：坚持城市政府主导，建立城市住房城乡建设部门牵头，各相关部门、区、街道和社区共同参与，第三方专业团队负责的工作机制。即由城市住房城乡建设部门制定城市体检工作方案、工作规则和技术标准，遴选第三方专业团队具体负责，相关部门、区、街道和社区积极配合第三方专业团队做好体检工作。第三方专业团队负责城市体检数据采集和分析诊断，汇总城市体检结果，编写城市体检报告。城市体检对象包括住房、小区（社区）、街区、城区（城市）。住房、小区（社区）体检要以社区为基本单元统筹开展，街区体检要结合现有街道行政边界开展，衔接城市更新单元（片区）。相关部门可组织对"平急两用"公共基础设施建设、城市基础设施生命线安全工程、历史文化保护传承等方面开展专项体检，与城市体检工作做好衔接。

需要说明的是，遴选第三方专业团队是一项十分重要的工作。随着城市经济与社会的发展，不少咨询服务机构拓宽业务范围，主动承接城市体检业务。为确保城市体检工作能严格按工作方案、工作规则和技术标准进行，应对第三方专业团队的素质、实力、诚信度等进行一定的了解，坚持"公开、透明"原则，必要时可通过招标、比选等方式来遴选第三方专业团队，并与其签订合同，明确双方职责，避免发生扯皮现象。

第三方团队入场后，相关部门要努力做好配合工作，尽可能提供一些基础资料，协助开展现场调查，对体检工作提出相关意见和建议。《城市体检报告》初稿完成后，城市政府要组织有关部门以及专家进行评审，以便进一步完善报告的内容，使体检结果更加切合实际。

笔者曾参与过江西省某城市的城市体检工作，深感遴选好第三方专业团队的重要性。目前所从事城市体检工作的咨询服务机构的素质良莠不齐，有的只注重经济效益，配备的设备和专业技术人员难以满足城市体检工作的需要，城市体检的深度和广度均难达到住房和城乡建设部的要求，当地政府和相关部门对体检结果不大满意。因此，在城市体检过程中一定要盯紧第三方专业团队，提出明确要求，并运用经济、法律等手段确保城市体检工作按时按质量要求完成。

第三节 体检步骤

城市体检大致可分以下几步进行：

（1）由当地住房和城乡建设部门依据上级有关文件精神，并结合当地实际，拟定《城市体检工作方案》以及相关材料，明确工作分工、时间计划、保障措施等内容，充分动员政府部门和社会公众参与城市体检工作。立足地方特色，研究确定符合地方实际的城市体检指标体系和居民抽样调查问卷。加强部门协调，注重市、区、街道、社区四级联动，全面摸清城市家底。《城市体检工作方案》拟定后报城市政府；

（2）城市政府出面征求有关部门的意见，并责成住房和城乡建设部门根据相关意见修改《城市体检工作方案》等材料，报城市政府审批；

（3）印发《城市体检工作方案》等材料，成立城市体检工作协调机构，确定牵头单位、配合部门，落实工作经费；

（4）遴选第三方专业团队，并与其签订合同，配合第三方专业团队开展城市体检工作；

（5）选取对象：城市体检对象的选取应按城区（城市）、街区、小区（社区）、住房4个维度自上而下选取，应结合本辖区城市更新计划，优先选择近期拟开展城市更新或急需开展城市更新的单元（片区）作为街区体检对象，选择其所覆盖的所有小区（社区）和住房进行体检，以提高城市体检的针对性和实效性。住房和小区（社区）体检要以社区为基本单元统筹开展，街区体检要结合现有街道行政边界开展，衔接城市更新单元（片区），社区和街区体检范围要保持衔接；

（6）采集数据：按照可统计、可获取、可计算的原则分解指标、采集数据，以精准查找问题为目的，对指标进行下沉收集、分级及汇总计算。同时，统筹专项调查数据、互联网大数据、遥感数据、LBS 位置大数据、问卷调查数据、居民提案"市民医生"调查数据、"12345"市民服务热线数据等多源数据，经有效验证后，与部门采集数据进行互相校验、多方比对，确保指标计算的精准度和权威性；

（7）听取民意：采取线上问卷、线下问卷、实地调研相结合的方式，对城市不同年龄段和不同职业人群进行居民问卷抽样调查，全面了解人民群众关切的"急、难、愁、盼"问题，深入查找群众身边的"城市病"；

（8）查找问题：综合采用标准比对、横向比较、纵向趋势分析等方法，结合指标数据分析和居民问卷抽样调查，客观地评价城市人居环境，准确识别存在的问题和短板，形成问题台账和问题清单。对体检过程中发现的比较严重问题，应进一步深入开展专项体检；

（9）分析原因：针对识别出的城市问题，从城市发展阶段与动力、城市治理、安全保障、设施建设等方面分析产生"城市病"的根源；

（10）提出对策：根据城市体检结论，以解决城市突出问题为导向，以促进城市高质量发展为目标，有针对性地提出治理城市病的对策措施及行动建议，分清轻重缓急，形成整治建议清单；

（11）列出计划：依据城市体检整治建议清单，结合部门中心工作生成下一年度项目建议清单，并明确项目类型、项目名称、项目位置、建设内容、投资估算、预期效果、责任部门等，为城市政府相关政策的制定提供参考依据；

（12）编制报告：客观分析评价城市人居环境质量及城市建设发展存在的问题，提出治理对策及行动建议，形成年度城市体检报告，组织专家对成果进行咨询论证，经城市人民政府审定后形成正式的年度城市体检报告。

由于各城市具体情况不一，确定城市体检步骤应按照实际情况进行，以上步骤仅供参考。

第四节　体检结果运用

城市体检结果出来后重在运用。

要建立城市体检和城市更新一体化推进机制。强化体检结果运用，把城市体检发现的问题作为城市更新的重点，聚焦解决群众"急、难、愁、盼"问题和补齐城市建设发展短板弱项，有针对性地开展城市更新，整治体检发现的问题，建立健全"发现问题—解决问题—巩固提升"的城市体检工作机制。结合城市体检结果形成城市体检问题清单，分清轻重缓急形成整治建议清单，制定年度实施计划，生成下一年城市规划建设治理项目库，将上一年度体检发现问题情况纳入本年度城市体检工作，持续推进问题解决，实实在在将城市体检成果转化好、转化实。

1. 形成问题台账和问题清单

结合近年探索开展的城市综合体检，重点通过当年城市体检或专项体检建立从住房到小区（社区）、街区、城区（城市）四个维度问题台账或专项问题台账，参考居民抽样调查结果，系统梳理、诊断分析，形成四个维度问题清单或专项问题清单。问题清单应包含体检指标、体检结果、存在问题（问题具体情况、问题区域）、问题严重程度等内容。

生成流程：第一步根据指标客观汇总分析结论，结合居民抽样调查数据形成各类需求清单；第二步将需求清单空间化表达，与相关设施服务空间现状进行对比分析；第三步按照相关问题分类，明确差距与不足，形成问题清单。

2. 形成整治建议清单

立足各部门、各层级政府的职责范围，针对四个维度问题清单或专项问题清单分级分类提出相应治理对策及行动建议，分清轻重缓急，形成四个维度整治建议清单或专项整治建议清单。整治建议清单应包含存在问题、整治建议、整治区域、整治类型、责任单位等内容。

整治建议清单的责权确定：城区维度的整治建议清单，主要由各城市委办局牵头，指导各区县推动整治工作；街区、小区（社区）、住房三个维度的整治建议清单，由区政府统筹推动整改落实，责成区各职能部门与相关街道共同落实。各区政府根据工作安排，可安排小区与住房设施维修、小区与住房品质提升、小区环境综合整治、街区综合整治、街区活力提升等综合整治措施。

3. 生成项目建议清单

依据城市体检问题整治建议清单，征求相关部门和区（街道）意见建议后，形成下一年城市规划建设治理项目建议清单。城市规划建设治理项目建议清单包括项目类型（含设施建设、管理提升、服务优化等不同类型）、项目位置、建设内容、投资估算、预期效果、实施主体等。

城市体检检出的问题，就是城市更新的重点。住房城乡建设部门要系统梳理城市体检发现的问题短板，组织专家团队对城市体检发现的问题进行梳理、会诊，分清轻重缓急形成问题清单。对于诊断出的影响群众健康和城市安全的问题，要出具风险隐患通知书，提出风险等级、可能造成的后果以及整治意见建议，提供给有关部门，推动解决问题。针对问题清单，分门别类地提出整治措施，形成城镇房屋改造和抗震加固、城镇老旧小区改造、完整社区建设、活力街区打造、城市生态修复、城市功能完善、基础设施更新改造、新型城市基础设施建设、城市生命线安全工程建设、历史文化保护和风貌修补等城市更新的意见建议，作为制定城市更新规划和年度实施计划、生成城市更新项目库的主要内容。

例如，江西省景德镇市把城市体检发现的交通问题作为城市更新规划的重点。通过体检发现城市在多元包容和交通便捷方面存在较大短板，并针对交通问题进行研究，深入剖析造成道路高峰时段拥堵的三大原因，即道路设施建设滞后、跨江跨铁路存在交通瓶颈、路网布局与用地结构不匹配。分析问题成因后，该市在城市更新规划中提出"交通瓶颈打通"专项行动，制定详细问题解决方案。通过实施城市更新行动，有效地缓解了高峰时段城市交通拥堵现象。

第三章　城市更新项目分类

第一节　既有建筑改造利用

顾名思义，该类城市更新项目是对城市中既有建筑的改造与利用。

既有建筑的建设年代、建筑风格、工程质量、产权、用途等各不相同，城市政府可根据城市体检的结果，对城市既有建筑的更新改造进行分类指导、科学安排。对建设年代较久、但仍有保存价值的建筑，应分别提出改造意见，如加固、加（减）层、屋面维修、外立面改造、水电气通信管线改造等。

既有建筑改造利用，包括稳妥推进危险住房改造，加快拆除改造 D 级危险住房，积极稳妥实施国有土地上 C 级危险住房和国有企事业单位非成套住房改造。分类分批对存在抗震安全隐患且具备加固价值的城镇房屋进行抗震加固。涉及不可移动文物、历史建筑等保护对象的，按照相关法律法规予以维护和使用，"一屋一策"提出改造方案，严禁以危险住房名义违法违规拆除改造历史文化街区、传统村落、文物、历史建筑。持续推进既有居住建筑和公共建筑节能改造，加强建筑保温材料管理，鼓励居民开展城镇住房室内装修。加强老旧厂房、低效楼宇、传统商业设施等存量房屋改造利用，推动建筑功能转换和混合利用，根据建筑主导功能依法依规合理转换土地用途。

城镇危旧房屋改造可与城镇房屋抗震加固结合起来，在抗震设防地区，进行危旧房改造时应考虑抗震加固。适老化、适儿化改造应结合实际，采取加装电梯、在住宅出入口及公用区域内按照相关标准进行改造。对大型公共建筑应急功能的提升改造，应根据该建筑的结构、用途、使用年限及体检中发现的问题，委托专业设计单位提出改造方案，以确保改造后该建筑应急功能得以提升，消除结构、消防、人员疏散等隐患。

既有建筑改造利用一般是指不改变建筑使用用途、不增加建筑规模，对既有建筑安全性、功能完整性和品质提升的活动，如节能改造、加装电梯、无障碍改造、水暖电系统等机电设施改造、内外部装修装饰、房屋修缮、结构加固等。

根据既有建筑的改造范围可分为修缮和维护工程、装修工程、局部改造工程和整体改造工程等 4 类。

（1）修缮和维护工程。主要为对既有建筑进行维修、加固和保护，使其保持或恢复原貌，并满足正常使用功能要求和结构安全的工程。

（2）装修工程。主要为对建筑内部空间和屋顶及外立面进行装修修饰和固定设施安装等，使其满足使用功能或用途要求的工程。

（3）局部改造工程。主要为对建筑的内部平面布置和用途进行局部调整，更新相应的装修装饰和设施设备、完善功能，加固和修复局部结构，但不改变防火分区划分和防火分隔的工程。

（4）整体改造工程。主要为对既有建筑的结构进行加固、修复或更新，调整平面布置，更新内外部装修和设施设备，且可能改变防火分区划分和防火分隔的工程。

对既有建筑的改造应满足改造后的建筑安全性需求，不得降低建筑的防火、抗灾性能，不得降低建筑的耐久性。

既有建筑改造的投入应以该建筑的产权单位（或个人）为主，城市政府可视当地财政状况给予适当补助。

2018 年 9 月，《住房城乡建设部关于进一步做好城市既有建筑保留利用和更新改造工作的通知》（建城〔2018〕96 号），要求各地高度重视城市既有建筑保留利用和更新改造，建立健全城市既有建筑保留利用和更新改造工作机制，做好城市既有建筑基本状况调查，制定引导和规范既有建筑保留和利用的政策，加强既有建筑的更新改造管理，建立既有建筑的拆除管理制度，构建全社会共同重视既有建筑保留利用与更新改造的氛围。

第二节 城镇老旧小区整治改造

城镇老旧小区是指城市或县城（城关镇）建成年代较早、失养失修失管、市政配套设施不完善、社区服务设施不健全的住宅小区（含单栋住宅楼）。

城镇老旧小区整治改造的主要任务是：更新改造小区燃气等老化管线管道，整治楼栋内人行走道、排风烟道、通风井道等，全力消除安全隐患，支持有条件的楼栋加装电梯。整治小区及周边环境，完善小区停车、充电、消防、通信等配套基础设施，增设助餐、家政等公共服务设施。加强老旧小区改造质量安全监管。结合改造同步完善小区长效管理机制，注重引导居民参与和监督，共同维护改造成果。统筹实施老旧小区、危险住房改造，在挖掘文化遗产价值、保护传统风貌的基础上制定综合性保护、修缮、改造方案，持续提升老旧小区居住环境、设施条件、服务功能和文化价值。

城镇老旧小区整治改造应广泛征求小区居民的意见，力求做到多数居民愿意改造、并积极配合改造。

城镇老旧小区整治改造内容可分为基础类、完善类、提升类3类。

（1）基础类。为满足居民安全需要和基本生活需求的内容，主要是市政配套基础设施改造提升以及小区内建筑物屋面、外墙、楼梯等公共部位维修等。其中，改造提升市政配套基础设施包括改造提升小区内部及与小区联系的供水、排水、供电、弱电、道路、供气、供热、消防、安防、生活垃圾分类、移动通信等基础设施，以及光纤入户、架空线规整（入地）等。

（2）完善类。为满足居民生活便利需要和改善型生活需求的内容，主要是环境及配套设施改造建设、小区内建筑节能改造、有条件的楼栋加装电梯等。其中，改造建设环境及配套设施包括拆除违法建设、整治小区及周边绿化、照明等环境，改造或建设小区及周边适老设施、无障碍设施、停车库（场）、电动自行车及汽车充电设施、智能快件箱、智能信包箱、文化休闲设施、体育健身设施、物业用房等配套设施。

（3）提升类。为丰富社区服务供给、提升居民生活品质、立足小区及周边实际条件积极推进的内容，主要是公共服务设施配套建设及其智慧化改造，包括改造或建设小区及周边的社区综合服务设施、卫生服务站等公共卫生设施、幼儿园等教育设施、周界防护等智能感知设施，以及养老、托育、助餐、家政保洁、便民市场、便利店、邮政快递末端综合服务站等社区专项服务设施。

城镇老旧小区改造自 2017 年开始试点，2019 年全面铺开。2020 年 7 月，《国务院办公厅关于全面推进城镇老旧小区改造工作的指导意见》（国办发〔2020〕23 号），明确要求 2020 年新开工改造城镇老旧小区 3.9 万个，涉及居民近 700 万户；到 2022 年，基本形成城镇老旧小区改造制度框架、政策体系和工作机制；到"十四五"期末，结合各地实际，力争基本完成 2000 年底前建成的需改造城镇老旧小区改造任务。

2023 年 7 月，住房城乡建设部、国家发展改革委、工业和信息化部、财政部、市场监管总局、体育总局、国家能源局联合印发《关于扎实推进 2023 年城镇老旧小区改造工作的通知》（建办城〔2023〕26 号），要求各地持续推进城镇老旧小区改造，精准补短板、强弱项，加快消除住房和小区安全隐患，全面提升城镇老旧小区和社区居住环境、设施条件和服务功能，推动建设安全健康、设施完善、管理有序的完整社区，不断增强人民群众获得感、幸福感、安全感。扎实抓好"楼道革命""环境革命""管理革命"3 个重点；坚守安全底线，把安全发展理念贯穿城镇老旧小区改造各环节和全过程；加强"一老一小"等适老化及适儿化改造，积极推动有条件的既有住宅加装电梯；压实工作责任，加强经验总结，做好宣传工作。

通过努力，截至 2024 年底，全国共完成 25 万个城镇老旧小区改造任务。目前全国城镇老旧小区改造仍在进行中。

第三节　完整社区建设

完善社区基本公共服务设施、便民商业服务设施、公共活动场地等，建设安全健康、设施完善、管理有序的完整社区，构建城市一刻钟便民生活圈。开展城市社区嵌入式服务设施建设，因地制宜补齐公共服务设施短板，优化综合服务设施布局。引导居民、规划师、设计师等参与社区建设。

2022 年 10 月，《住房和城乡建设部办公厅　民政部办公厅关于开展完整社区建设试点工作的通知》（建办科〔2022〕48号），要求从以下四方面开展试点工作：

（1）完善社区服务设施。以社区居民委员会辖区为基本单元推进完整社区建设试点工作。按照《城市居住区规划设计标准》GB 50180—2018、《城市社区服务站建设标准》建标 167—2014 等要求，规划建设社区综合服务设施、幼儿园、托儿所、老年服务站、社区卫生服务站。每百户居民拥有综合服务设施面积不低于 30m^2，60％以上建筑面积用于居民活动。适应居民日常生活需求，配建便利店、菜店、食堂、邮件和快件寄递服务设施、理发店、洗衣店、药店、维修点、家政服务网点等便民商业服务设施。新建社区要依托社区综合服务设施，集中布局、综合配建各类社区服务设施，为居民提供一站式服务。既有社区可结合实际确定设施建设标准和形式，通过补建、购置、置换、租赁、改造等方式补齐短板。统筹若干个完整社区构建活力街区，配建中小学、养老院、社区医院等设施，与 15min生活圈相衔接，为居民提供更加完善的公共服务。

（2）打造宜居生活环境。结合城镇老旧小区改造、城市燃气管道老化更新改造等工作，加强供水、排水、供电、道路、供气、供热（集中供热地区）、安防、停车及充电、慢行系统、无障碍和环境卫生等基础设施改造建设，落实海绵城市建设理念，完善设施运行维护机制，确保设施完好、运行安全、供给稳定。鼓励具备条件的社区建设电动自行车集中停放和充电场所，并做好消防安全管理。顺应居民对美好环境的需要，建设公共活动场地和公共绿地，推进社区适老化、适儿化改造，营造全龄友好、安全健康的生活环境。鼓励在社区公园、闲置空地和楼群间布局简易的健身场地设施，开辟健身休闲运动场所。

（3）推进智能化服务。引入物联网、云计算、大数据、区块链和人工智能等技术，建设智慧物业管理服务平台，促进线上线下服务融合发展。推进智慧物业管理服务平台与城市运行管理服务平台、智能家庭终端互联互通和融合应用，提供一体化管理和服务。整合家政保洁、养老托育等社区到家服务，链接社区周边生活性服务业资源，建设便民惠民智慧生活服务圈。推进社区智能感知设施建设，提高社区治理数字化、智能化水平。

（4）健全社区治理机制。建立健全党组织领导的社区协商机制，搭建沟通议事平台，推进设计师进社区，引导居民全程参与完整社区建设。对于涉及社区规模调整优化、社区服务设施建设改造、社区综合服务设施功能配置等关系群众切身利益的重大事项，应广泛听取群众意见建议。开展城市管理进社区工作，有效对接群众需求，提高城市管理和服务水平。开展美好环境与幸福生活共同缔造活动，培育社区文化，凝聚社区共识，增强居民对社区的认同感、归属感。

2023 年 7 月，住房和城乡建设部等 7 部委（局）联合公布了北京市西城区小马厂西社区等 106 个完整社区建设试点名单；同年 12 月印发了《完整社区建设案例集》（第一批），完整社区建设试点工作全面展开。

2025 年 5 月，江西省人民政府办公厅印发了《江西省推进"好社区"建设实施方案》，并公布了全省 200 个"好社区"建设试点名单。

第四节　老旧街区、老旧厂区、城中村等更新改造

推动老旧街区功能转换、业态升级、活力提升，因地制宜打造一批活力街区。改造提升商业步行街和旧商业街区，完善配套设施，优化交通组织，提升公共空间品质，丰富商业业态，创新消费场景，推动文旅产业赋能城市更新。鼓励以市场化方式推动老旧厂区更新改造，加强工业遗产保护利用，盘活利用闲置低效厂区、厂房和设施，植入新业态新功能。积极推进城中村改造，做好历史文化风貌保护前期工作，不搞大拆大建，"一村一策"采取拆除新建、整治提升、拆整结合等方式实施改造，切实消除安全风险隐患，改善居住条件和生活环境。加快实施群众改造意愿强烈、城市资金能平衡、征收补偿方案成熟的城中村改造项目。推动老旧火车站与周边老旧街区统筹实施更新改造。

活力街区打造是提升城市形象、促进文化旅游、激活商业活力的有效途径。

在开展城市更新工作时，可根据城市体检结果及当地实际，选择具备一定条件的街区，并精心组织策划、推介、招商、设计、施工、运营等，使之在较短的时间内打造成当地颇具活力的、有一定影响力的街区。

2021 年，江西省住房和城乡建设厅提出了历史文化街区划定的参考标准：

（1）具有一定的历史文化价值，如与历史名人和重大历史事件相关；

（2）空间格局、肌理和风貌等体现传统文化、民族特色、地域特征或时代风格；

（3）保留较丰富的非物质文化遗产和优秀传统文化，保持

传统生活延续性，承载了历史记忆和情感；

（4）保存的文物较丰富，历史建筑集中成片，传统格局基本完整。

在活力街区打造过程中，应充分保留既有建筑，在完整保留街区风貌前提下，对存量建筑结构加固、增设电梯、景观装饰等方式进行微改造，完善配套设施，拓宽阶梯巷道，引入新业态新功能。改造完成后，可由实施主体统筹运营。同时带动街区内的居民自发改造、自主运营。

例：江西省南昌市西湖区万寿宫街区。

江西省南昌市西湖区万寿宫街区地处南昌市中山路核心商圈，街区由三街五巷组成，分别是：翘步街、棋盘街、广润门街、合同巷、萝卜巷、醋巷、万寿宫巷、箩巷。街区内保存不少晚清赣派风格建筑，共有建筑群123栋，是颇具名气的历史文化街区。

近年来，南昌市政府以打造"城市新名片""城市会客厅"为目标，组织有关部门编制完善了万寿宫街区详细规划，结合城市更新，按照"修旧如旧"原则对老旧建筑进行了修缮与改造，对街区内的道路、给水、排水、供电、供气、通信、环卫等设施进行了配套完善，并加大了招商力度，以提升城市品位为宗旨，打造时尚购物、餐饮娱乐、社交休闲、文化旅游于一体的综合街区。

2024年9月底，万寿宫街区道路雨污水管道改造工程完工，万寿宫以全新的面貌迎接来自全国各地的游客。南昌特色小吃＋古风环境＋独特产品＋沉浸式消费体验＋别出心裁的互动，让街区内的茶楼、商家获得了巨大的流量，成为年轻人竞相打卡的网红街区，外地游客的重要目的地。2024年，万寿宫街区客流超2000万人次。

为确保街区秩序井然，南昌市加强了该区域城市管理力量，对外招募20名平安守护队员在街区内日夜巡逻，还设立了街区志愿服务驿站，为游客提供咨询、免费寄存、手机充电、饮用水、应急医疗等志愿服务。通过一系列加强力量、管理提质、服务创优的举措，为游客、商户及当地居民营造了一个更加安全、有序、和谐的环境。

麻石古道、蜿蜒舒展、一巷一名；灰墙青瓦、鳞次栉比、一步一景……南昌市万寿宫街区，沉淀着古朴而又真实的情感，刻满了城市历史文化的回忆。

万寿宫街区改造提升和规范管理后，进一步提升了南昌的城市形象，成了名副其实的活力示范街区。

第五节 城市功能完善

城市是经济社会发展和人民生产生活的重要载体，是现代文明的标志。

城市功能主要包括以下几个方面：

（1）城市生态功能：指城市在资源利用、环境保护等方面所承担的任务和所起的作用，以及由于这种作用的发挥而产生的效能。

（2）城市社会功能：指一个城市在社会关系和社会进步等方面所承担的任务和所起的作用，以及由于这种作用的发挥而产生的效能。

（3）城市经济功能：指一个城市在经济发展等方面所承担的任务和所起的作用，以及由于这种作用的发挥而产生的效能。城市经济功能是城市功能的重要组成部分，是城市其他一切功能的前提和基础。

（4）城市基础设施功能：城市基础设施是城市生存和发展的必备条件。由于城市人口较多、人口密度较大，经济社会发展和城市居民生活都离不开城市供水、供电、供气、道路、排水、污水处理、公共交通、园林绿化、环境卫生等城市基础设施。

（5）城市服务功能：指城市在生产与生活型服务提供方面所承担的任务和所起的作用，以及由于这种作用的发挥而产生的效能。

（6）城市创新功能：指城市在技术研发与创新、新产品与新服务的生产、文化与管理创新等方面所承担的任务和所起的作用，以及由于这种作用的发挥而产生的效能。

城市更新所涉及的城市功能完善主要指城市生态功能、城市基础设施功能和城市服务功能。

根据城市体检结果，城市政府应采取"补短板、重实效、保民生、促发展"的原则，量力而行、尽力而为，下大力气完善城市功能。要按照城市规划要求，根据城市社会经济发展合理布局城市生产、生活、服务等设施，让城市功能得以充分发挥。

《中共中央办公厅 国务院办公厅关于持续推进城市更新行动的意见》指出：建立健全多层级、全覆盖的公共服务网络，充分利用存量闲置房屋和低效用地，优先补齐民生领域公共服务设施短板，合理满足人民群众生活需求。积极稳步推进"平急两用"公共基础设施建设。完善城市医疗应急服务体系，加强临时安置、应急物资保障。推进适老化、适儿化改造，加快公共场所无障碍环境建设改造。增加普惠托育服务供给，发展兜底性、普惠型、多样化养老服务。因地制宜建设改造群众身边的全民健身场地设施。推动消费基础设施改造升级。积极拓展城市公共空间，科学布局新型公共文化空间。

第六节　城市基础设施建设改造

城市基础设施是指为城市生产、生活提供的一般条件的公共设施，是城市赖以生存和发展的基础。

城市基础设施建设改造包括对城市道路、照明、给水、排水、污水处理、供电、供气、通信、园林绿化、环境卫生等设施的建设与改造。

我国绝大多数城市、县城都有百年以上历史，部分基础设施相对陈旧落后，亟需进行更新改造。

城市基础设施建设改造要因地制宜、分区分片进行，重点对存在安全隐患的燃气管道、供水能力不足的自来水管网、排水不畅且未实行雨污分流的排水管网、破损较严重的城市道路等设施进行更新改造。

要解决城市道路尤其是老城区道路拥堵问题，采取存量挖潜、新建补强等方式加快建成城市快速干线交通、生活性集散交通和绿色慢行交通三个系统。同时，可通过与周边共享等方式补齐停车设施短板，加快解决停车难问题，加强城市综合道路交通体系建设。

以提升生活污水收集处理效能为目标，消除污水管网空白区、污水直排、雨污水管网错混接状况，实现污水管网全覆盖、污水全收集、全处理，改善整体水环境，营造优美生态环境。

城市排水防涝要综合施策，按照海绵城市的理念，综合采取"渗、滞、蓄、净、用、排"等措施，减少峰值外排流量。结合城市更新，集中与分散相结合，因地制宜建设调蓄设施。系统推进地下管网改造，在低洼地、历史严重内涝点等位置，可优先将其作为街头绿地、公园、湿地等使用，加强"留白增绿"，增加调蓄能力，建设洪涝韧性城市。

逐步消除管网空白区。新建排水管网原则上应尽可能达到国家建设标准的上限要求，对于保留管网，应针对易造成积水内涝问题和混错接的雨污水管网进行改造和修复，确保其功能和标准不受影响。因地制宜推进雨污分流改造，暂不具备改造条件的，通过截流、调蓄等方式，减少雨季溢流污染，提高雨水排放能力。

开展城市基础设施普查，加快城市基础设施监管信息系统整合，切实防范化解安全风险。

在城市更新中，要全面排查城市基础设施风险隐患。推进地下空间统筹开发和综合利用。加快城市燃气、供水、排水、污水、供热等地下管线管网和地下综合管廊建设改造，完善建设运维长效管理制度。推动城市供水设施改造提标，加强城市生活污水收集、处理和再生利用及污泥处理处置设施建设改造，加快建立污水处理厂网一体建设运维机制。统筹城市防洪和内涝治理，建立健全城区水系、排水管网与周边江河湖海、水库等联排联调运行管理模式，加快排水防涝设施建设改造，构建完善的城市防洪排涝体系，提升应急处置能力。推动生活垃圾处理设施改造升级。加强公共消防设施建设，适度超前建设防灾工程。完善城市交通基础设施，发展快速干线交通、生活性集散交通和绿色慢行交通，加快建设停车设施。优化城市货运网络规划设计，健全分级配送设施体系。推进新型城市基础设施建设，深化建筑信息模型（BIM）技术应用，实施城市基础设施生命线安全工程建设。

以民生需求为出发点，聚焦关键领域和薄弱环节，加大基础设施领域补短板力度，着力补齐给水排水、能源供应、生态环保等方面短板，进一步完善基础设施配置，提升基础设施供给质量。

2022 年 5 月，国务院办公厅关于印发《城市燃气管道等老化更新改造实施方案（2022—2025 年）》的通知指出：城市燃气管道等老化更新改造是重要民生工程和发展工程，有利于维护人民群众生命财产安全，有利于维护城市安全运行，有利于促进有效投资、扩大国内需求，对推动城市更新、满足人民群众美好生活需要具有十分重要的意义。城市燃气管道等老化更新改造对象，应为材质落后、使用年限较长、运行环境存在安全隐患、不符合相关标准规范的城市燃气、供水、排水、供热等老化管道和设施。推广应用新设备、新技术、新工艺，从源头提升管道和设施本质安全以及信息化、智能化建设运行水平。

第七节　城市生态系统修复

城市生态系统修复是指采取适当的工程措施，对城市中遭到人为破坏的自然生态系统进行恢复与重建工作。

2017 年，《住房和城乡建设部关于加强生态修复城市修补工作的指导意见》（建规〔2017〕59 号），指出：开展生态修复、城市修补是治理"城市病"、改善人居环境的重要行动，是推动供给侧结构性改革、补足城市短板的客观需要，是城市转变发展方式的重要标志。要求修复城市生态，改善生态功能。

（1）加快山体修复。加强对城市山体自然风貌的保护，严禁在生态敏感区域开山采石、破山修路、劈山造城。根据城市山体受损情况，因地制宜地采取科学的施工措施，消除安全隐患，恢复自然形态。保护山体原有植被，种植乡土适生植物，重建植被群落。在保障安全和生态功能的基础上，探索多种山体修复利用模式。

（2）开展水体治理和修复。全面落实海绵城市建设理念，系统开展江河、湖泊、湿地等水体生态修复。加强对城市水系自然形态的保护，避免盲目裁弯取直，禁止明河改暗渠、填湖造地、违法取砂等破坏行为。综合整治城市黑臭水体，全面实施控源截污，强化排水口、管道和检查井的系统治理，科学开展水体清淤，恢复和保持河湖水系的自然连通和流动性。因地制宜改造渠化河道，恢复自然岸线、滩涂和滨水植被群落，增强水体自净能力。

（3）修复利用废弃地。科学分析废弃地和污染土地的成因、受损程度、场地现状及其周边环境，综合运用多种适宜技术改良土壤，消除场地安全隐患。选择种植具有吸收降解功能、适应性强的植物，恢复植被群落，重建自然生态。对经评估达到相关标准要求的已修复土地和废弃设施用地，根据城市规划和城市设计，合理安排利用。

（4）完善绿地系统。推进绿廊、绿环、绿楔、绿心等绿地建设，构建完整连贯的城乡绿地系统。按照居民出行"300m 见绿、500m 入园"的要求，优化城市绿地布局，均衡布局公园绿地。通过拆迁建绿、破硬复绿、见缝插绿等，拓展绿色空间，提高城市绿化效果。因地制宜建设湿地公园、雨水花园等海绵绿地，推广老旧公园提质改造，提升存量绿地品质和功能。乔灌草合理配植，广种乡土植物，推行生态绿化方式。

近年来，在住房和城乡建设部等部门的指导下，各地认真组织开展城市生态修复，工作取得了明显成效。

海南省三亚市是住房和城乡建设部生态修复城市修补第一批试点城市，该市率先启动了解放路（示范段）综合环境整治工程。通过编制规划，调整区域路网结构，优化公交系统，加强停车管理，从区域层面系统地梳理了交通系统；整治建筑立面，突出当地风格；通过景观设计，提升街道环境品质。经过改造提升，示范段综合环境建设工程完成，原本没有特色且陈旧的建筑变成了富有历史韵味的骑楼，建筑色彩也统一染上白色或米黄色，风格统一且具有气势。破损道路得到平整，设置了机动车和非机动车隔离带，恢复人行道的休闲功能，同时还增加休闲座椅和道路绿化，整体上变得规整大气。

《中共中央办公厅　国务院办公厅关于持续推进城市更新行动的意见》要求：坚持治山、治水、治城一体推进，建设连续完整的城市生态基础设施体系。加快修复受损山体和采煤沉陷区，消除安全隐患。推进海绵城市建设，保护修复城市湿地，巩固城市黑臭水体治理成效，推进城市水土保持和生态清洁小流域建设。加强建设用地土壤污染风险管控和修复，确保污染地块安全再利用。持续推进城市绿环绿廊绿楔绿道建设，提高乡土植物应用水平，保护城市生物多样性，增加群众身边的社区公园和口袋公园，推动公园绿地开放共享。

第八节　历史文化保护传承

我国幅员辽阔，城市历史文化积淀深厚。在城市更新过程中，保护、利用、传承好历史文化遗产，对延续历史文脉、推动城市建设高质量发展、坚定文化自信、建设社会主义文化强国具有重要意义。

中共中央办公厅、国务院办公厅印发《关于在城乡建设中加强历史文化保护传承的意见》强调：在城乡建设中系统保护、利用、传承好历史文化遗产，对延续历史文脉、推动城乡建设高质量发展、坚定文化自信、建设社会主义文化强国具有重要意义。要坚持统筹谋划、系统推进；坚持价值导向、应保尽保；坚持合理利用、传承发展；坚持多方参与、形成合力。要准确把握保护传承体系基本内涵，分级落实保护传承体系重点任务，明确保护重点，严格拆除管理，推进活化利用，融入城乡建设，弘扬历史文化。

对城市历史文化空间的更新应以科学保护为前提，强化价值导向，坚持应保尽保；通过引入多元业态，推进活化利用；改善空间环境，适应发展需要；创新方式方法，筑牢安全底线；创造活力载体，融入生产生活；串联整合资源，联动区域发展。

在历史文化空间里开展城市更新应强化价值导向，坚持应保尽保的原则，挖掘凝练历史文化价值，全域全要素保护不同时期、不同类型的历史文化遗产，弘扬和传承中华优秀传统文化、革命文化、社会主义先进文化。坚持留改拆并举、以保留保护为主的原则，禁止大拆大建、拆真建假、以假乱真，鼓励采用"绣花""织补"等渐进式、微改造方式，在科学保护的基础上开展城市更新工作。

从资源禀赋现状和城市发展目标出发，提炼总结历史文化空间的核心文化价值，策划城市文化"IP"，围绕核心文化资源演绎新的空间形态、植入新的功能业态，疏解与历史文化不相适应的功能，彰显历史文化内涵。推进历史文化遗产的活化利用，加大文物的开放力度，在确保安全的前提下，将具备条件的文物建筑作为社区服务、文化展示、参观游览、经营服务、公益办公等功能使用；活化利用历史建筑，工业遗产等，通过加建、改建和添加设施等方式改造为公共文化、创意办公、商业服务等场所空间；加强文商旅融合发展，鼓励引入特色文化、商业商务、休闲娱乐、社区服务等相关业态，植入联合办公、新媒体社区等新兴城市功能。通过产权置换、长期租赁等方式调整产权结构，破解遗产活化利用中的路径障碍。

加强历史文化名城名镇保护，做好城市历史风貌协调地区的城市设计，保护城市历史文化，更好地延续历史文脉，展现城市风貌。鼓励采取小规模、渐进式更新改造老旧城区，保护城市传统格局和肌理。加快推动老旧工业区的产业调整和功能置换，鼓励老建筑改造再利用，优先将旧厂房用于公共文化、公共体育、养老和创意产业。确定公布历史建筑，改进历史建筑保护方法，加强城市历史文化挖掘整理，传承优秀传统建筑文化。

住房和城乡建设部要求各地在实施城市更新行动中防止大拆大建，要严格控制大规模拆除，严格控制大规模增建，严格控制大规模搬迁；保留利用既有建筑，保持老城格局尺度，延续城市特色风貌；保护古建筑、古树、古桥、古井等历史遗存。

《中共中央办公厅 国务院办公厅关于持续推进城市更新行动的意见》要求：保护传承城市历史文化。衔接全国文物普查，扎实开展城市文化遗产资源调查。落实"老城不能再拆"的要求，全面调查老城及其历史文化街区，摸清城镇老旧小区、老旧街区、老旧厂区文化遗产资源底数，划定最严格的保护范围。开展文化遗产影响评价，建立健全"先调查后建设""先考古后出让"的保护前置机制。加强老旧房屋拆除管理，不随意拆除具有保护价值的老建筑、古民居，禁止拆真建假。建立以居民为主体的保护实施机制，推进历史文化街区修复和不可移动文物、历史建筑修缮，探索合理利用文化遗产的方式路径。保护具有重要历史文化价值、体现中华历史文脉的地名，稳妥清理不规范地名。加强城市更新重点地区、重要地段风貌管控，严格管理超大体量公共建筑、超高层建筑。

第四章　城市更新项目策划

第一节　项目的前期调研

经过城市体检，发现城市基础设施存在的主要问题，开展城市更新行动，项目策划是一项重要工作。

由于城市更新项目涉及面较广，在策划项目时，必须做好项目的前期调研。

项目的前期调研，是指在拟定项目前针对项目的必要性、可行性、建设条件等进行认真的调查研究。

城市更新项目，尤其是投资较大、更新改造难度较大的项目，前期调研是项目策划的一项基础性工作。

（1）要对项目建设的必要性进行调研。特别是需要政府投资建设的项目。为把有限的建设资金用在刀刃上，必须认真分析研究拟建项目的必要性，看看是否属于人民群众"急、难、愁、盼"的项目、对城市经济和社会发展有多大的影响、项目施工对城市交通和市民出行的影响、项目经济、社会、环境效益如何等，避免出现"面子工程、胡子工程、政绩工程"。

（2）要对项目建设的可行性进行调研。有些城市更新项目的建设条件较为复杂，大多是多年遗留下来的问题，如城市道路的改造、老旧燃气管网的改造、老旧小区改造、老旧工业厂房的改造等，在改造过程中会出现什么情况？是否可能引发重大影响社会稳定的事件？该项目是否具备可行性？必须通过调研得出明确的结论。

（3）要对项目的建设条件进行调研。有的项目虽具有一定的必要性与可行性，但建设条件不够成熟，如建设资金难以落实、征地拆迁十分困难、环境评价难以通过、与上位规划及年度计划不相符等，也就是说暂不具备必要的建设条件。对这类项目可暂时缓一缓、放一放，待条件基本成熟后再启动。

项目的前期调研工作要深入细致，不能走马观花，尤其是对涉及多数群众利益的问题，必须通过调查摸清群众的真实诉求，避免盲目铺摊子、上项目，或损害群众利益。如在同一时间内拟建多个城市更新项目，也可以分头组织调研，然后将调研结果汇总，向有关领导汇报。必要时，有关领导也应参加项目的前期调查研究工作。通过调查研究和召开专家论证会、领导碰头会、办公会等形式反复讨论，项目的建设轮廓进一步清楚，必要性和可行性进一步明确，为项目的科学决策提供依据。

第二节 编制城市更新规划

项目的前期调研工作基本结束后，应按照有关要求着手组织编制城市更新规划。

《中共中央办公厅 国务院办公厅关于持续推进城市更新行动的意见》指出：依据国土空间规划，结合城市体检评估结果，制定实施城市更新专项规划，确定城市更新行动目标、重点任务、建设项目和实施时序，建立完善"专项规划－片区策划－项目实施方案"的规划实施体系。强化城市设计对城市更新项目实施的引导作用，明确房屋、小区、社区、城区、城市等不同尺度的设计管理要求。

为指导城市更新规划的编制，2022 年 10 月，江西省住房和城乡建设厅印发了《江西省城市更新规划编制指南（试行）》，指出：城市更新规划是对城市建设发展作出的战略性、综合性安排部署。依据国民经济和社会发展规划和相关政策，与相关规划相协调，确定城市更新行动的目标策略和重点任务，提出重要更新专项和重点更新片区的更新目标、策略、重点任务等，并划出重要更新专项的位置、重点更新片区的范围，指导城市更新行动计划的编制。其成果是政府指导实施城市更新行动以及审批、核准重大项目，安排政府投资和财政支出预算，制定相关政策的重要依据。

城市更新规划是城市更新行动领域的纲领性、操作性指导文件，是指导转化运用城市体检评估成果、提升城市功能与品质和推动城市高质量发展建设的重要依据，分层次构建城市更新规划体系，并与相关规划相协同。

编制城市更新规划，应遵循"以人民为中心"的发展理念，坚持系统统筹、因城施策、禁止大拆大建、底线管控、量力而行、稳妥有序的基本原则，发挥城市更新规划的统筹引领作用，把精心规划、精致建设、精细管理、精明增长的理念贯穿城市更新全过程各环节，推动实施城市更新行动。一般分为城市更新规划、城市更新行动计划、城市更新项目实施方案三个层次。其中，设区市按三个层次编制城市更新规划，可根据需要编制区级城市更新规划或行动计划；县（县级市）可根据实际情况，将城市更新规划、城市更新行动计划合并编制。

城市更新规划应依据国民经济和社会发展规划，遵循国土空间规划刚性管控的相关要求，衔接相关专项规划，结合"五年一评估"，转化运用城市体检评估成果，明确城市更新目标、重点、单元等总体安排，提出存量资源统筹利用的指引要求。结合"一年一体检"，针对城市体检发现的短板问题，制定行动计划，建立项目库，明确实施时序，指导城市更新项目实施方案编制。

城市更新规划编制程序：主要包括现状调查、规划编制、方案论证、规划公示、成果报批、规划公告等。

城市更新规划编制的主要内容包括：

（1）背景分析。简要概述城市更新规划编制的背景、目的和意义；分析国家、省、市或县层面城市更新相关政策对实施城市更新行动的指导要求；分析国民经济与社会发展规划、国土空间规划、相关专项规划等对城市更新行动提出的相关要求。

（2）现状问题。对城市体检中反映的问题进行系统分析、分类梳理，识别问题的空间分布和影响程度；采取基础资料收集、部门座谈、实地踏勘、问卷调查以及与对标城市横向比较等多种方式开展现状调查，全面掌握城市更新行动需求。

（3）目标策略。依据国民经济和社会发展规划，分阶段落实国土空间规划，衔接相关专项规划、重大重点项目计划、市县相关工作部署等，根据城市发展阶段和特征，制定城市更新规划总体目标，提出优化布局、完善功能、管控底线、提升品质、提高效能、转变方式等方面的分目标。

（4）重点任务。优化城市空间、用地、产业结构布局；完善城市基础设施和公共服务设施等城市功能；管控城市密度、强度、特色风貌、安全韧性等划定底线；加强城乡历史文化保护和城市风貌管理，加强城镇老旧小区改造和完整居住社区建设，推进城市适老化建设改造和既有建筑改造，提升城市公共开放空间，满足人民高品质生活需要；充分运用新一代信息技术，加快新型城市基础设施建设，推进智能市政、智慧社区、智能建造、智慧城管，提升城市运行管理效能和服务水平；转变由房地产主导的增量建设方式，探索政府引导、市场运作、公众参与的城市更新行动可持续模式等。

（5）行动指引。根据整体更新目标战略和分类更新策略，针对重要更新专项的问题、需求导向，提出专项更新行动的目标、策略、重点任务。

（6）保障措施。针对市、县统筹层面，根据实际在建立健全政府统筹、条块协作、部门联动、分层落实的工作机制以及规划编制和传导、制定地方性法规等方面提出规划实施的保障措施要求和方向性建议。

要制定城市更新行动计划，细化落实城市更新规划，衔接相关规划和计划。结合城市更新行动体检评估，划定重要更新专项的空间位置和重点更新片区的范围界线，明确专项更新行动和片区更新行动的目标任务，提出重点项目的范围、建设指引，指导城市更新项目实施方案的编制。

城市更新项目实施方案是在城市更新行动计划建议的城市更新项目空间范围的基础上，根据现状土地与建筑物、各类设施、公共空间等的核查结果，充分考虑用地权属的独立性、权属人更新意愿，划定项目的范围界线，标明范围界线控制点坐标。

城市更新项目实施方案可作为城市更新规划的组成部分，其主要内容包括：项目概况、现状分析、功能定位、修详方案、投资测算、效益评价、实施保障、风险评估等。

城市更新规划及行动计划由城市政府组织编制，经广泛征求意见并组织专家论证后报城市政府审批。

城市更新项目实施方案由各区、县人民政府指定的机构或物业权利人等前期业主作为主体组织编制，成果由各区、县人民政府审批。

第三节　组建专家委员会

在北京、上海等市出台的相关地方性法规中，均明确提出设立城市更新专家委员会。

《北京市城市更新条例》明确："本市建立城市更新专家委员会制度，为城市更新有关活动提供论证、咨询意见。"

《上海市城市更新条例》更加具体："本市设立城市更新专家委员会（以下简称专家委员会）。专家委员会按照本条例的规定，开展城市更新有关活动的评审、论证等工作，并为市、区人民政府的城市更新决策提供咨询意见。专家委员会由规划、房屋、土地、产业、建筑、交通、生态环境、城市安全、文史、社会、经济和法律等方面的人士组成，具体组成办法和工作规则另行规定。"

《石家庄市城市更新条例》规定："本市设立城市更新专家委员会。专家委员会按照本条例的规定，开展城市更新有关活动的评审、论证等工作，并为城市更新决策提供咨询意见。"

为确保城市更新项目的科学决策，建议有条件的地方组建城市更新专家委员会，城市更新专家委员会成员从以下几方面挑选：

（1）技术专家。城市更新涉及城市规划、建设、管理等行业，可挑选城乡规划、建筑设计、建筑结构、建筑智能化、给水排水、道路桥梁、园林绿化、环境卫生、机电设备、消防、供电、通信、交通、水利、人防、环保、土地管理、文史等方面的专家。

（2）经济专家。可挑选国民经济、计划、统计、会计、审计、金融、工程造价、工程咨询等方面的专家。

（3）法务专家。可挑选民法、行政诉讼、律师、仲裁等方面的专家。

挑选专家除注重业务水平外，还应注重专家的政治素质。所谓"德才兼备"，"德"应放在首位。应选择拥护中国共产党、拥护社会主义、爱祖国爱人民、诚实守信、对工作一丝不苟、在行业内德高望重且有一定影响力的专家。

省（市）、设区市一级可设立城市更新专家库，将符合条件的专家尽可能纳入库中，以便汇集当地的专业人才，为城市更新工作服务。

城市更新项目的评审、论证、咨询，一般应该从城市更新专家库中抽取专家。

第四节　谋划项目筹资

项目的投融资渠道是否畅通是城市更新项目能否顺利实施的关键所在。城市更新项目因性质不同其投融资渠道也不相同。

政府投资项目应遵循《政府投资条例》的相关规定，其资金应当投向市场不能有效配置资源的社会公益服务、公共基础设施、生态环境保护、重大科技进步、社会管理、国家安全等公共领域的项目，以非经营性项目为主。政府投资应当遵循科学决策、规范管理、注重实效、公开透明的原则，应当与经济社会发展水平和财政收支状况相适应。

城市更新项目中的城镇老旧小区整治改造、城市功能完善、城镇基础设施建设改造、城市生态系统修复等均属于政府投资的方向。政府投资项目也可以采用银行贷款、发行债券、鼓励社会资金投入等多种筹资方式。

既有建筑改造利用的资金应以既有建筑的产权单位（或个人）自筹为主；完整社区建设、老旧街区、老旧厂区、城中村等更新改造、历史文化保护传承等项目应根据其性质区别对待，更新改造后具备经营性且商业前景看好的项目应以社会资金投入为主，政府投资可采取资本金注入、投资补助、贷款贴息等方式加以引导，起着"四两拨千斤"的作用。

近年来，为扩大内需、促进国内消费增长，国家出台了一系列政策措施，如开展城市更新试点、城镇老旧小区改造、老旧住宅加装电梯、城市综合管廊建设、海绵城市建设试点等，中央及地方财政均给予一定的补助。

2024 年 12 月，《国务院办公厅关于优化完善地方政府专项债券管理机制的意见》（国办发〔2024〕52 号），明确扩大地方专项债券投向和用作项目资本金范围，将城市更新包括城镇老旧小区改造、棚户区改造、城中村改造、老旧街区改造、老旧厂区改造、城市公共空间功能提升及其他城市更新基础设施建设项目纳入了地方政府专项债券可用作项目资本金的行业，城市更新的筹资渠道进一步拓宽。

2025 年 4 月，财政部办公厅、住房城乡建设部办公厅《关于开展 2025 年度中央财政支持实施城市更新行动的通知》（财办建〔2025〕11 号）中明确：中央财政继续支持部分城市实施城市更新行动，2025 年评选不超过 20 个城市，主要向超大、特大城市以及黄河、珠江等重点流域沿线大城市倾斜。补助标准：东部地区每个城市补助总额不超过 8 亿元，中部地区每个城市补助总额不超过 10 亿元，西部地区每个城市补助总额不超过 12 亿元，直辖市每个城市补助总额不超过 12 亿元。

6 月，财政部、住房城乡建设部发布《2025 年度中央财政支持实施城市更新行动评选结果公示》北京、天津、唐山、包头、大连、哈尔滨、苏州、温州、芜湖、厦门、济南、郑州、宜昌、长沙、广州、海口、宜宾、兰州、西宁、乌鲁木齐 20 个城市入围。

《中共中央办公厅 国务院办公厅关于持续推进城市更新行动的意见》明确：健全多元化投融资方式。加大中央预算内投资等支持力度，通过超长期特别国债对符合条件的项目给予支持。中央财政要支持实施城市更新行动。地方政府要加大财政投入，推进相关资金整合和统筹使用，在债务风险可控前提下，通过发行地方政府专项债券对符合条件的城市更新项目予以支持，严禁违法违规举债融资。落实城市更新相关税费减免政策。鼓励各类金融机构在依法合规、风险可控、商业可持续的前提下积极参与城市更新，强化信贷支持。完善市场化投融资模式，吸引社会资本参与城市更新，推动符合条件的项目发行基础设施领域不动产投资信托基金（REITs）、资产证券化产品、公司信用类债券等。

各级政府在实施城市更新项目过程中，要用好用活国家相关政策，多渠道筹措项目建设资金，确保项目的顺利实施。

第五节　项目的立项审批

在做好项目的前期调研、编制城市更新规划、设立专家委员会、理清筹资渠道的基础上，对拟建的城市更新项目应抓紧做好项目的立项审批工作。

政府投资项目的立项审批，包括对《项目建议书》《可行性研究报告》、环境影响评价的审批及规划与用地预审等。其中《项目建议书》《可行性研究报告》需报具有相应审批权限的发展和改革部门审批；环境影响评价需报生态环境部门审批或备案；规划与用地预审需报规划和自然资源部门。

为进一步推进投资项目审批制度改革，有关部门明确：对列入相关发展规划、专项规划和区域规划范围的政府投资项目，可以不再审批项目建议书；对改扩建项目和建设内容单一、投资规模较小、技术方案简单的项目，可以合并编制、审批项目建议书、可行性研究报告和初步设计。

对于企业投资建设的项目，除实行负面清单目录范围内的项目外，一律实行备案制。

企业投资建设实行核准制的项目，需向政府提交《项目申请报告》，政府不再履行项目建议书、可行性研究报告和开工报告的程序。

《项目申请报告》应附以下文件：（1）《选址意见书》（划拨国有土地的项目）；（2）用地预审意见；（3）法律法规规定需要的其他相关手续。

建设项目的环境影响评价，是国家加强环境保护工作的一项重大举措。对可能造成重大环境影响的，应当编制环境影响报告书；可能造成轻度环境影响的，应当编制环境影响报告表；对环境影响很小、不需要进行环境影响评价的，应当填报环境影响登记表。

规划与用地预审，指项目是否符合城市规划、是否需要新增建设用地等，这也是项目立项审批的重要环节，否则，城市更新项目将难以落地。

抓好城市更新项目的立项审批，应注意以下几点：

（1）要严格遵守基本建设程序。国家规定的基本建设程序是项目科学决策的基础，政府有关部门应该带头遵守。实践证明，不按基本建设程序，项目的前期工作准备不充分，会对项目的建设造成很大影响，轻则多走弯路、增加投资、影响工期，重则出现投资决策失误，给国家和人民的财产带来严重损失。作为项目的筹建单位，应了解和自觉遵守国家基本建设程序。

（2）要按照有关法律法规办理申报与审批手续。工程建设涉及规划、计划、资金、土地、环保、交通、水利、人防、通信等诸多方面，国家在许多法律法规中对此提出明确的要求。筹建单位要熟悉这些法律法规，理清工作思路，严格做到依法办事。要加强与有关部门联系，尤其是要与发展和改革部门、规划和自然资源部门、财政部门、生态环境部门以及上级主管部门经常沟通。要落实相关人员，跟着申报材料走，一环扣一环，环环抓落实。

（3）要注意收集相关资料。充足的资料是做好项目前期工作的必要条件，资料来源要广，水文、地质、气象、规划、土地、环保、地形地貌、地下管线、经济社会发展指标、类似项目建设情况等，都应注意收集。资料要翔实可靠，根据项目的特点有针对性地收集，并加以分析、整理，为项目的科学决策提供依据。

（4）要尽可能减少审批环节。由于城市更新项目大多涉及城市经济和社会发展、涉及广大城市居民的利益，因此在立项审批过程中既要遵守国家有关法律法规，又要实事求是、充分尊重历史和现状，特别是老城区的一些项目，完全按照新建项目的要求来审批的确有一定的难度。按照推进工程建设项目审批制度改革的有关精神，对有些项目可实行容缺制、告知承诺制以及多部门联合审批。

第五章　城市更新项目实施

第一节　勘察设计

城市更新项目经立项审批后，应尽快委托勘察设计单位开展项目的勘察设计。

现场勘察是设计的基础性工作，只有在勘察资料基本齐全后才能展开项目设计。

新建项目的地质勘察一般分初步勘察和详细勘察两步。现场地质勘察完成后，勘察设计单位必须出具《地质勘察报告》。

项目设计一般分方案设计、初步设计和施工图设计 3 步进行。

1. 方案设计

方案设计是建设项目具体设计过程中的第一项技术工作，在很大程度上决定建设项目的成败。设计单位要按照建设单位的意图，深入建设现场调查研究，反复构思，在规定的时间内拿出设计新颖、科学合理、技术成熟、节能环保、经济实用、基本功能有保证、与周边环境相协调的设计方案。

在拿出初步的设计方案后，设计单位还必须根据领导和专家的意见对设计方案进行优化。方案设计应当满足编制初步设计文件和控制概算的需要。方案设计的内容包括设计说明、投资估算、平面图、剖面图、立面图、效果图等，必要时还可制作成模型，直观表达设计效果。设计方案经反复比选、论证，成熟后交建设单位及有关领导审定。

方案设计一定要慎之又慎，一经确定，不要随便更改。许多建设项目受投资、工期、场地等限制，方案设计必须充分考虑这些因素。"磨刀不误砍柴工"，宁可在方案设计时考虑周全一点，多花点时间论证，广泛征求意见，反复进行修改，才能使方案设计效果最佳。

2. 初步设计

初步设计是在方案设计的基础上进一步完善、提高的过程。初步设计应当满足编制施工招标文件、主要设备材料订货和编制施工图设计的需要，其深度应达到住房和城乡建设部规定的要求。

初步设计内容包括：设计说明、总平面设计、建筑设计、结构设计、道路设计、给水排水设计、暖通设计、强电设计、弱电设计、消防设计、环境保护设计、节能设计、设计概算书等。

初步设计完成后，建设单位应将初步设计成果报负责该项目设计审查的发展和改革委员会等部门审批。对初步设计进行审查是一项专业性、技术性较强的工作，应从专家库中抽取建筑、结构、水电、暖通、造价等专业的工程技术人员组成专家组，专家组应认真审阅初步设计图纸及说明、概算书，必要时还应到建设现场踏勘，然后充分发表意见。负责设计审查的部门应将专家的评审意见归纳汇总，根据可行性研究报告和立项批文对设计总概算进行审定，然后对该项目的初步设计进行批复。

对于投资不大、技术不复杂且工期较紧的城市更新项目，可将方案设计与初步设计合并进行。

3. 施工图设计

施工图设计应当满足施工招标、设备材料采购、非标准设备制作和施工全过程的需要，并注明建设工程合理使用年限。施工图设计选用的材料、构配件、设备，应当注明其规格、型号、性能等技术指标，其质量要求必须符合国家规定的标准。

施工图设计的工作量和取费约占总设计任务的 50%，但设计更加具体，要求也更高。严格来说，施工单位按图施工，不对设计负责任。若施工图设计发生差错，施工单位又没有及时发现，所造成的损失是要设计单位负责任的。从工程建设的实际情况看，这种事情时有发生。为避免因设计失误对工程所造成的损失，必须做好如下几点：（1）要求设计人员精心设计，尽可能不出差错；（2）要求设计单位的项目负责人经常召集各专业的设计人员碰头，协调各专业遇到的设计问题，确保施工图设计的完整性；（3）要求抓好施工图审查，监理、建设、施工单位要组织对施工图纸进行会审，挑毛病找问题；（4）要求设计单位的设计代表常驻工地，及时发现和解决问题（对于投资不大、技术不复杂的项目可不派设计代表，但必须建立设计人员与建设单位、施工单位的经常联系制度）。

施工图设计是设计单位向建设和施工单位提供的最直接技术文件，是工程建设的必备条件，设计单位必须按合同规定提供规范、准确的供招标和施工用的蓝图若干套，并提供电子版。施工图设计的深度应按住房和城乡建设部的有关规定并能满足施工要求，设计说明要表述清楚，关键部位要有大样图、节点图，疑难问题不能推给施工单位。

施工图设计基本完成后，建设单位应当将施工图设计文件报县级以上人民政府建设行政主管部门或者其他有关部门审查。施工图审查的主要内容：（1）建筑物的稳定性、安全性审查，包括地基基础和主体结构体系是否安全、可靠；（2）是否符合消防、节能、环保、抗震、卫生、人防、防雷等有关强制性标准、规范；（3）施工图是否达到规定的深度要求；（4）是否损害公众利益。施工图设计文件未经审查批准的，不得使用。

为推进工程建设项目审批制度改革，住房和城乡建设部规定，施工图可以根据项目实施情况分阶段进行审查。

2021年11月，江西省住房和城乡建设厅下发《关于改进房屋建筑和市政基础设施工程施工图设计文件审查工作的通知》（赣建字〔2021〕8号），规定：既有建筑内部改造装修项目免予施工图审查；不改变使用功能，$500\sim2000\mathrm{m}^2$未涉及主体结

构安全、未改变原防火分区、安全疏散及消防设施的内部改造
装修项目免予施工图审查；小型低风险新建建筑项目免予施工
图审查；一般工程由建设单位自主选择施工图分段审查或施工
许可后审查。

第二节 工程招标

工程招标是项目建设的重要环节。根据《中华人民共和国
招标投标法》，招标分为公开招标和邀请招标。国家发展改革委
发布的《必须招标的工程项目规定》指出：全部或者部分使用
国有资金投资或者国家融资的项目以及使用国际组织或者外国
政府贷款、援助资金的项目，施工单项合同估算价在 400 万元
人民币以上；重要设备、材料等货物的采购，单项合同估算价
在 200 万元人民币以上；勘察、设计、监理等服务的采购，单
项合同估算价在 100 万元人民币以上的，必须公开招标。

达到以上条件、又符合邀请招标条件的项目，经有关单位
研究并按规定程序报批，可以邀请招标。

具备可以不招标条件，或施工单项合同估算价在 400 万元
人民币以下；重要设备、材料等货物的采购，单项合同估算价
在 200 万元人民币以下；勘察、设计、监理等服务的采购，单
项合同估算价在 100 万元人民币以下的，经建设单位研究并经
批准，可以不招标。

公开招标或者邀请招标，一般委托招标代理机构进行。

依法必须招标的工程建设项目，应当具备下列条件才能进
行招标：

（1）招标人已经依法成立；

（2）按照国家有关规定需要履行项目审批、核准或者备案
手续的，已经审批、核准或者备案；

（3）有相应资金或资金来源已经落实；

（4）法律法规规定的其他条件。

依法必须招标的项目应当在指定媒介发布招标公告。招标公告应当载明招标人的名称和地址、招标项目的性质、数量、实施地点和时间、投标截止日期以及获取招标文件的办法等事项。

依法必须招标项目进行资格预审的，应组织资格预审，经资格预审合格的投标人方可参加该项目的投标。

在招标公告发布后，应尽快依法制定招标文件。招标文件既要按照规范的格式和内容编制，又要依法依规充分体现招标要求。

招标人应当确定投标人编制投标文件所需要的合理时间；但是，依法必须进行招标的项目，自招标文件开始发出之日起至投标人提交投标文件截止之日止，最短不得少于 20 日。

对一些大项目、重点项目和建设现场比较复杂的项目，可组织投标人踏勘现场。

招标文件发出后，投标人对招标文件及项目情况不明、需要招标人解释、答疑、澄清的，应进行招标答疑。招标答疑可采取召开答疑会或书面等形式。采用电子招标投标的工程项目，一般不召开答疑会，投标人提出问题和招标人作出的答疑与澄清均在指定的公共资源交易网上进行。

开标应在规定的时间、地点进行，招标投标监管机构可派员到场进行监督。

评标由招标人按照国家有关法律法规规定，从相关招标投标监管部门认可的专家库中随机抽取经济技术专家（特殊招标项目可以由招标人直接确定专家）组成评标委员会，按招标文件规定的评标原则、评标办法进行评标。（1）对投标人的资格标进行审查验证（资格后审）。（2）对投标文件的符合性进行审查。（3）对投标人响应招标文件的内容进行评分。（4）根据评分结果拟定中标候选人排序。（5）向招标人提交书面评标报告。

招标人应当自收到评标报告之日起 3 日内公示中标人或者中标候选人（排序），公示时间不少于 3 日。公示期间如发现中标人在投标过程中存在违法违规行为，应认真研究并及时作出处理决定，证据确凿的应依法取消中标人资格，另行选定中标人并再次进行公示，或者依法重新组织招标；公示期满后，招标人应依法确定中标人。

评标结果经过公示等法定程序、招标人确定中标人后，应向中标人发出"中标通知书"，同时将中标结果书面通知所有未中标的投标人。

中标人收到中标通知书后，应在 30 天内与招标人签订合同。

项目招标是一项极其严肃的工作，必须严格依法依规进行，充分体现"公开、公平、公正"原则。决不能因为城市更新项目是"政府工程、民心工程、德政工程"而规避招标，或擅自简化招标程序、缩短招标时间。

第三节　项目管理

全过程工程项目管理是指运用系统的理论和方法，对建设项目进行的计划、组织、指挥、协调和控制等活动，简称项目管理。

（1）要确定项目管理单位。一般可采取两种方法：一是委托代建，即由建设单位支付一定的代建费、委托专业咨询单位对项目建设进行全过程管理（俗称"交钥匙工程"）；二是由建设单位自行组建项目管理机构，行使项目管理职能。

（2）要落实项目建设资金。城市更新项目确定后，必须有充足的建设资金作保障，无论是政府财政投资或是使用专项债券、银行贷款、社会资本投资等都应落实到位。不得采取由施工企业垫资的方式，杜绝拖欠进城务工人员工资事件的发生。

（3）要完善开工手续。城市更新项目涉及的部门较多，发展改革、财政、规划和自然资源、住房和城乡建设、城市管理、人民防空、生态环境、交通运输、水利、应急管理、维稳等相关部门对项目建设的审批、备案、管理等都有具体要求。项目管理单位应尽可能协调好与有关部门的关系，完善项目审批、备案手续，以便工程的顺利进行。

（4）要选定项目监理单位。在建设领域实行建设工程监理制度是我国工程建设领域管理体制的一项重大改革。建设工程项目监理工作的主要内容包括：协助建设单位进行工程可行性研究，优选设计方案、设计单位和施工单位，审查设计文件，控制工程质量、造价和工期，监督、管理建设工程合同的履行，以及协调建设单位与工程建设有关各方的工作关系等。建设单位应通过招标等程序选定项目监理单位，支持监理单位公正、独立、自主地开展工作，发挥好监理在工程建设中的作用。

（5）要委托工程质量（安全）监督。按照《建设工程质量管理条例》（2000 年 1 月 30 日国务院令第 279 号发布，根据 2017 年 10 月 7 日《国务院关于修改部分行政法规的决定》第一次修订，根据 2019 年 4 月 23 日《国务院关于修改部分行政法规的决定》第二次修订）、《建设工程安全生产管理条例》（2003 年 11 月 12 日国务院第 28 次常务会议通过，2003 年 11 月 24 日国务院令第 393 号公布，自 2004 年 2 月 1 日起施行）的相关规定，建设工程开工后，应委托当地工程质量（安全）监督部门进行质量监督和安全生产管理监督。当地质量（安全）监督管理部门也可以委托具有一定实力的第三方进行监督。

（6）要抓好进度、质量（安全）、造价"三控制"。城市更新项目大多工期短、投资紧、质量要求高，且不能出现安全事故。因此，项目管理单位应竭尽全力抓好"三控制"。要运用法律、经济、技术等手段，注重合同管理，抓好设计、施工、管理等各个环节，倒排工期，盯紧质量（安全），精打细算控制造价。

项目管理是一项繁杂的技术活，管理单位必须配备懂技术、精造价、会管理、讲奉献的相关人员，建立健全规章制度，以高度的政治责任感和使命感，一丝不苟地抓好项目管理过程中的各项工作。

第四节　验收备案

城市更新项目竣工后，建设单位要严格按照有关规定组织工程竣工验收、备案。

工程验收是确保工程质量安全的重要手段。在施工过程中的基桩、基础、分部分项工程、材料设备的验收一般由监理单位负责组织，工程的竣工验收由建设单位负责组织。

项目竣工验收的基本条件：

（1）完成工程设计和合同约定的各项内容；

（2）施工单位在工程完工后对工程质量进行了检查，确认工程质量符合有关法律、法规和工程建设强制性标准，符合设计文件及合同要求，并提出工程竣工报告；

（3）对于委托监理的工程项目，监理单位对工程进行了质量评估，具有完整的监理资料，并提出工程质量评估报告；

（4）勘察、设计单位对勘察、施工过程中由设计单位签署的设计变更通知书进行了检查，并提出质量检查报告；

（5）有完整的技术档案和管理资料；

（6）有工程使用的主要建筑材料、建筑构配件和设备进场试验报告；

（7）建设单位已按合同约定支付工程款；

（8）有施工单位签署的工程质量保修书；

（9）规划和自然资源部门对工程是否符合城市规划要求进行检查，并出具认可文件；

（10）建设主管部门及其委托的工程质量监督机构等有关部门责令整改的问题全部整改完毕。

项目竣工验收，应当按以下程序进行：

（1）工程完工后，施工单位向建设单位提交工程竣工报告，申请工程竣工验收。实行监理的工程，工程竣工报告须经总监理工程师签署意见。

（2）建设单位收到工程竣工报告后，对符合竣工验收要求的工程，组织勘察、设计、施工、监理等单位和其他有关方面的专家组成验收组，制定验收方案。

（3）建设单位应当在竣工验收7个工作日前将验收的时间、地点及验收组名单书面通知负责监督该工程的工程质量监督机构。

（4）竣工验收一般采取听有关单位汇报、查阅工程档案资料、实地查验工程质量、有关单位和专家对项目作出全面评价等形式，最后形成竣工验收意见。

竣工验收合格后，建设单位应当及时整理出竣工验收报告。竣工验收报告主要包括工程概况，建设单位执行基本建设程序情况，对工程勘察、设计、施工、监理等方面的评价，竣工验收的时间、程序、内容和组织形式，竣工验收意见等内容。

建设单位应当自项目竣工验收合格之日起15日内，将竣工验收的有关文件报当地住房和城乡建设行政主管部门备案。

按照国务院关于推进工程建设项目审批制度改革的相关要求，近年来各地努力推行各相关部门联合验收制度。

比如，2024年7月，江西省住房和城乡建设厅、江西省自然资源厅、江西省国防动员办公室联合印发了《江西省建设工程联合验收管理办法》，规定：建设工程土地核验与规划核实、建设工程消防验收或备案、人民防空工程竣工验收备案、建设工程城建档案验收、建设项目竣工验收备案等，由有关部门联合组织验收，从而大大简化了验收程序。

《中华人民共和国建筑法》等有关法律法规规定：建筑工程竣工验收合格后，方可交付使用；未经验收或者验收不合格的，不得交付使用。

第五节　决算审计与后评价

城市更新项目大多为政府投资，竣工后应按照有关规定尽快完成决算、审计等项工作。

工程竣工经验收合格后，施工单位应尽快绘制竣工图，编制竣工结算，并将有关资料送交监理单位审核。经监理单位审核并按其审核意见修改后的竣工结算文件，施工单位应及时提交给建设单位，建设单位应组织相关人员认真审查，发现问题向施工单位指出。若问题较多时，建设单位应会同监理单位、施工单位协商，一次协商不成可多次协商，尽可能达成一致意见。因双方的利益不同，有的问题可能难以达成一致意见，此时建设单位可以委托工程造价咨询单位进行竣工结算审核。

工程造价咨询单位根据国家有关法律法规规章、当地建设工程预算定额和市场材料信息价格，以及建设单位提供的工程设计图纸、设计变更、招标文件、投标文件、工程量清单、施工合同、竣工图纸和现场签证单等竣工结算材料，对竣工结算文件进行认真审核。审核过程中遇到问题，应主动和建设单位、监理单位、施工单位进行协商，尽可能达成一致意见。然后出具竣工结算审核报告。

完成竣工结算后，建设单位应将全部工程的竣工结算材料汇总，向上级主管部门写报告，申请审计或财政部门对工程进行终结审计。

工程终结审计原则上由投资主体的一级政府审计部门组织进行，如以中央财政投资为主体的项目由国家审计署负责组织，以省（市）财政投资为主体的项目由省（市）审计厅（局）负责组织，上级审计部门也可委托下级审计部门组织工程终结审计。一些政府投资项目在工程竣工结算后，由财政部门组织专业人员对其投资进行全面评审，并出具评审意见，亦可作为工程最终决算的依据。

终结审计的对象是整个工程而不是施工单位，从某种程度说是对建设单位的审计，建设单位应予以高度重视，认真准备相关资料，自觉接受审计。工程终结审计需要准备的材料主要有：

（1）项目建议书、可行性研究报告、初步设计批准文件；

（2）发展和改革部门、财政部门或主管部门下达的投资计划及建设资金下拨文件；

（3）施工图、竣工图、设计变更和工程签证资料；

（4）工程招标和投标文件、施工和材料设备供应合同；

（5）竣工结算文件和审核报告；

（6）工程财务收支账目和自查情况；

（7）其他相关文件资料。

终结审计基本完成后，负责组织审计的机关应出具书面审计报告，对工程的终结审计作出结论。建设单位等根据审计意见完成整改后，应书面报告审计机关，经审计机关认可后，该工程的终结审计才算结束。

《政府投资条例》（国务院令第 712 号）还规定：投资主管部门或者其他有关部门应当按照国家有关规定选择有代表性的已建成政府投资项目，委托中介服务机构对所选项目进行后评价。后评价应当根据项目建成后的实际效果，对项目审批和实施进行全面评价并提出明确意见。

第六章　城市更新项目运营管理

第一节　运营管理模式

城市更新项目完成后，应根据项目的性质、类别来确定项目运营管理模式。

城市功能完善、城市基础设施建设改造、城市生态系统修复类，属政府投资占主导的公益类项目，如城市道路改造、雨污分流、污水处理、垃圾处理、路灯照明、山体修复、水体治理、园林绿化提升等，一般交给原来的专业管理机构管理，严格控制新组建专业管理机构；属政府与社会资本合作的 PPP 项目，如新（改、扩）建城市供水、城市燃气、污水垃圾处理、地下综合管廊、道路桥梁以及公共停车场等，应按规定组建项目管理公司，具体承担项目的运营管理。

城镇老旧小区整治改造完成后，其管理模式一般有两种：一是成立物业管理公司，统一管理小区内的秩序、卫生、绿化、停车、电梯、供水、排水、供电、供气、通信等设施；二是仍旧由当地街道办事处、居委会管理，居民按规定交纳一定的卫生服务费。具体选择哪种模式，应结合当地实际、并充分尊重小区居民的意见。

既有建筑改造利用项目，一般仍由既有建筑的产权单位或个人管理，或由投资方运营管理。

完整社区建设、老旧街区、老旧厂区更新改造项目一般由政府组织、以社会资本投入为主，其运营管理模式可多元化，国有、股份制、民营、个体均可经营。为便于管理，可设置精干的管理委员会，协调管理街区的公共事务。

城中村改造一般由政府组织，改造完成后应健全村委会、居委会等基层管理机构管理日常事务。

历史文化传承保护项目重在保护，在严格保护历史文化资源的前提下抓好传承。应在当地文化旅游部门的指导下，选择适当的管理模式，一手抓保护、一手抓传承与发展。

"三分建设、七分管理"，城市更新项目的运营管理工作十分重要，运营管理得好才能充分发挥项目的经济效益或社会效益、生态效益，反之不仅会增加政府财政负担，而且会产生一些负面影响。

第二节　运营管理绩效

城市更新项目也要讲求绩效。有些项目只有较明显的社会效益、生态效益，经济效益不明显；有些项目不仅具有社会效益与生态效益，经济效益也较为可观。城市政府要经营管理好整个城市，当然也包括得民生、顺民意、暖民心的城市更新项目。

要提高城市更新项目的绩效，应做好以下工作：

（1）制定好发展规划。结合当地国民经济和社会发展规划、国土空间规划等，研究制定行业发展规划、片区发展规划，提出发展目标和方向，以规划指导各行业的发展。

（2）要落实年度工作目标。城市市政公用项目的管理单位大多会制定年度工作目标，明确工作任务，要将目标任务分解到各部门、责任落实到人，并按月、季、半年进行考评。只有明确目标才能有效推动工作。

（3）要完善管理规章制度。如组织管理制度、薪酬管理制度、绩效管理制度、档案管理制度等。无论是新单位还是老单位，都必须建立健全各项管理规章制度，用制度管人管事。

（4）要确定绩效考核指标。绩效考核指标根据不同行业的特点来确定，要切合实际，不可太高或太低，体现"跳起来摘桃子"的原则，同时便于操作，力求做到定性、定量。

城市更新 PPP 项目的绩效考核，国家发展改革委、财政部及相关部委均有明确的要求。考核分为建设期和运营期，其中建设期主要考核项目工期、工程质量、安全生产、项目管理、投资控制、资金管理、档案管理、信息公开、社会效益、生态效益、可持续性、群众满意度等；运营期主要考核项目维护、项目运营、成本效益、安全保障、组织管理、财务管理、制度管理、档案管理、信息公开、社会影响、生态影响、经济效益、可持续性、群众满意度等。绩效考核通常委托第三方咨询服务机构进行，并邀请相关方面的专家对绩效考核材料进行评审，只有通过绩效考核才能由财政按合同支付政府付费或可行性缺口补助。

第三节　监督考核机制

为增强城市更新项目的社会效益、经济效益、生态效益，提高人民群众的满意度和幸福感，应加强对项目运营管理的监督考核。

监督考核机制的构成要素包括监督主体、监督对象、监督方式和考核标准等。监督主体是政府有关部门，或第三方评估机构；监督对象是从事项目运营管理的相关人员；监督方式可以通过检查、审查、调查、抽查等方式进行；考核标准应根据各行业的实际科学合理制定。

监督考核机制一般包括计划、执行、评估和反馈四个阶段。在计划阶段，监管部门需要确定考核的内容、方式和时间，制定相应的考核计划；在执行阶段，监管部门对被监管单位和组织进行实地检查和调查，了解他们是否按照工作目标和各项管理制度履行职责；在评估阶段，监管部门对收集到的数据进行分析和评估，实事求是地形成考核结果；在反馈阶段，监管部门将考核结果及时反馈给被监管单位和组织，肯定成绩、指出问题，鼓励他们改进和完善各项工作。

监督是对组织和个人的行为进行审核、评估和检查，以确保其遵守规章制度、履行职责和实现目标。监督工作计划和任务完成情况、过程中的工作成果和质量、其行为是否符合规章制度及相关要求。

考核是对组织或个人的绩效进行评价，主要是对监督结果进行分析，以便作出进一步的改进。

监督考核机制的实施是组织或个人全面发展的重要保障，有效的监督考核能够促进组织或个人的成长和提高绩效。在实施监督考核机制时，需要明确监督考核的目标、内容和流程，以确保实现预期的效果。

城市更新项目涉及人民群众的切身利益，建立监督考核机制是提高绩效、保障群众利益、维护政府形象的重要手段。有条件的地方，可实行由政府监管与专业监督相结合，建立人大代表、政协委员、市民代表及媒体监督的公众机制。

第四节　搭建数字化监管平台

数字化、网络化、智能化是城市建设与管理行业转型升级、实现高质量发展的必由之路。

近年来，随着 5G、AI、BIM 等技术的普及，在城市建设与管理过程中努力搭建数字化监管平台、采用大数据分析、引入行业对标管理，建立全成本绩效评价模型已成为大家的共识。

搭建数字化监管平台需遵循"业务驱动、数据赋能、系统集成"的构建逻辑，结合现代信息技术构建智能化监管体系。

城市更新项目涉及面较广，交叉的行业较多，运用数字化监管平台可实现对不同行业的动态监管，提高城市管理水平。

以"数字城市"数据资源中心为基础底座，结合全国城市基础设施普查数据成果，一些地方开展统一房屋建筑编码、工程项目代码等编码管理，制定统一标准，贯通工程建设项目全生命周期，创新业务管理模式，实现数字化协同管理。

　　数字化监管平台的搭建，一方面有利于城市政府对分布在各个角落的城市更新项目的监管，延长了整个监管链；另一方面有利于城市居民了解和掌握相关政策法规、行业标准、服务承诺等，及时参与监管工作。

　　《中共中央办公厅 国务院办公厅关于推进新型城市基础设施建设打造韧性城市的意见》明确要求：推进数字化、网络化、智能化新型城市基础设施建设；实施智能化市政基础设施建设和改造，深入开展市政基础设施普查，建立设施信息动态更新机制，全面掌握现状底数和管养状况，编制智能化市政基础设施建设和改造行动计划，因地制宜对城镇供水、排水、供电、燃气、热力、消火栓（消防水鹤）、地下综合管廊等市政基础设施进行数字化改造升级和智能化管理；发展智慧住区，支持有条件的住区结合完整社区建设，实施公共设施数字化、网络化、智能化改造与管理；完善城市信息模型（CIM）平台，搭建城市三维空间数据模型，提高城市规划、建设、治理信息化水平；搭建完善城市运行管理服务平台，加强对城市运行管理服务状况的实时监测、动态分析、统筹协调、指挥监督和综合评价，推进城市运行管理服务"一网统管"。

　　国家关于搭建城市数字化监管平台的目标与措施已经明确，各城市政府应着力抓好落实。

第七章　相关政策措施

第一节　国家层面

自党的十九届五中全会明确提出"实施城市更新行动"以来，在党中央、国务院的领导下，国务院及国家有关部委紧密出台了相关政策措施。

1.《国务院关于加快棚户区改造工作的意见》（国发〔2013〕25号）

棚户区改造和城区老工业区搬迁改造是城市更新的一项重要任务。《国务院关于加快棚户区改造工作的意见》（国发〔2013〕25号）指出：

加大政策支持力度。

（1）多渠道筹措资金，采取增加财政补助、加大银行信贷支持、吸引民间资本参与、扩大债券融资、企业和群众自筹等办法筹集资金。

1）加大各级政府资金支持。中央加大对棚户区改造的补助，对财政困难地区予以倾斜。省级人民政府也要相应加大补助力度。市、县人民政府应切实加大棚户区改造的资金投入，可以从城市维护建设税、城镇公用事业附加、城市基础设施配套费、土地出让收入等渠道中，安排资金用于棚户区改造支出。各地区除上述资金渠道外，还可以从国有资本经营预算中适当安排部分资金用于国有企业棚户区改造。有条件的市、县可对棚户区改造项目给予贷款贴息。

2）加大信贷支持。各银行业金融机构要按照风险可控、商业可持续原则，创新金融产品，改善金融服务，积极支持棚户区改造，增加棚户区改造信贷资金安排，向符合条件的棚户区改造项目提供贷款。各地区要建立健全棚户区改造贷款还款保障机制，积极吸引信贷资金支持。

3）鼓励民间资本参与改造。鼓励和引导民间资本根据保障性安居工程任务安排，通过直接投资、间接投资、参股、委托代建等多种方式参与棚户区改造。要积极落实民间资本参与棚户区改造的各项支持政策，消除民间资本参与棚户区改造的政策障碍，加强指导监督。

4）规范利用企业债券融资。符合规定的地方政府融资平台公司、承担棚户区改造项目的企业可发行企业债券或中期票据，专项用于棚户区改造项目。对发行企业债券用于棚户区改造的，优先办理核准手续，加快审批速度。

5）加大企业改造资金投入。鼓励企业出资参与棚户区改造，加大改造投入。企业参与政府统一组织的工矿（含中央下放煤矿）棚户区改造、林区棚户区改造、垦区危房改造的，对企业用于符合规定条件的支出，准予在企业所得税前扣除。要充分调动企业职工积极性，积极参与改造，合理承担安置住房建设资金。

（2）确保建设用地供应。棚户区改造安置住房用地纳入当地土地供应计划优先安排，并简化行政审批流程，提高审批效率。安置住房中涉及的经济适用住房、廉租住房和符合条件的公共租赁住房建设项目可以通过划拨方式供地。

（3）落实税费减免政策。对棚户区改造项目，免征城市基础设施配套费等各种行政事业性收费和政府性基金。落实好棚户区改造安置住房税收优惠政策，将优惠范围由城市和国有工矿棚户区扩大到国有林区、垦区棚户区。电力、通信、市政公用事业等企业要对棚户区改造给予支持，适当减免入网、管网增容等经营性收费。

（4）完善安置补偿政策。棚户区改造实行实物安置和货币补偿相结合，由棚户区居民自愿选择。各地区要按国家有关规定制定具体安置补偿办法，禁止强拆强迁，依法维护群众合法权益。对经济困难、无力购买安置住房的棚户区居民，可以通过提供租赁型保障房等方式满足其基本居住需求，或在符合有关政策规定的条件下，纳入当地住房保障体系筹解决。

2. 《中共中央办公厅 国务院办公厅关于持续推进城市更新行动的意见》

《意见》明确：建立健全城市更新实施机制。创新完善以需求为导向、以项目为牵引的城市更新体制机制。不断完善适应城市更新的工程项目建设实施管理制度。

完善用地政策。坚持"项目跟着规划走、土地要素跟着项目走"，加强用地保障，建立健全覆盖全域全类型、统一衔接的国土空间用途管制和规划许可制度，统筹好新增和存量建设用地，涉及国土空间规划调整的，按程序依法办理。推动土地混合开发利用和用途依法合理转换，明确用途转换和兼容使用的正面清单、负面清单和管控要求，完善用途转换过渡期政策。盘活利用存量低效用地，完善闲置土地使用权收回机制，优化零星用地集中改造、容积率转移或奖励政策。支持利用存量低效用地建设保障性住房、发展产业、完善公共服务设施。除国有土地使用权出让合同约定或者划拨用地决定书规定由政府收回土地使用权以及法律、行政法规禁止擅自转让的情形外，鼓励国有土地使用权人按程序自行或以转让、入股、联营等方式更新改造低效用地。优化地价计收规则。推进建设用地使用权在土地的地表、地上或者地下分别设立。完善城市更新相关的不动产登记制度。

建立房屋使用全生命周期安全管理制度。落实房屋使用安全主体责任和监管责任，加强房屋安全日常巡查和安全体检，及时发现和处置安全隐患。探索以市场化手段创新房屋质量安全保障机制。完善住宅专项维修资金政策，推动建立完善既有房屋安全管理公共资金筹集、管理、使用模式。

建立政府引导、市场运作、公众参与的城市更新可持续模式。充分发挥街道社区作用，调动人民群众参与城市更新积极性。开展城市管理进社区工作。鼓励产权所有人自主更新，支持企业盘活闲置低效存量资产，更好发挥国有资本带动作用。引导经营主体参与，支持多领域专业力量和服务机构参与城市更新，健全专家参与公共决策制度。建立健全适应城市更新的建设、运营、治理体制机制。加强城市更新社会风险评估、矛盾化解处置机制建设。

健全法规标准。加快推进城市更新相关立法工作，健全城市规划建设运营治理和房屋管理法律法规。完善适用于城市更新的技术标准，制定修订分类适用的消防、配套公共设施等标准。加强城市更新科技创新能力建设，大力研发新技术、新工艺、新材料，加快科技成果推广应用。

3. 中共中央办公厅 国务院办公厅印发《关于在城乡建设中加强历史文化保护传承的意见》

《关于在城乡建设中加强历史文化保护传承的意见》指出：在城乡建设中系统保护、利用、传承好历史文化遗产，对延续历史文脉、推动城乡建设高质量发展、坚定文化自信、建设社会主义文化强国具有重要意义。

建立城乡历史文化保护传承体系三级管理体制。国家、省（自治区、直辖市）分别编制全国城乡历史文化保护传承体系规划纲要及省级规划，建立国家级、省级保护对象的保护名录和分布图，明确保护范围和管控要求，与相关规划做好衔接。市县按照国家和省（自治区、直辖市）要求，落实保护传承工作属地责任，加快认定公布市县级保护对象，及时对各类保护对象设立标志牌、开展数字化信息采集和测绘建档、编制专项保护方案，制定保护传承管理办法，做好保护传承工作。具有重要保护价值、地方长期未申报的历史文化资源可按相关标准列入保护名录。

明确保护重点。划定各类保护对象的保护范围和必要的建设控制地带，划定地下文物埋藏区，明确保护重点和保护要求。

保护文物本体及其周边环境，大力实施原址保护，加强预防性保护、日常保养和保护修缮。保护不同时期、不同类型的历史建筑，重点保护体现其核心价值的外观、结构和构件等，及时加固修缮，消除安全隐患。保护能够真实反映一定历史时期传统风貌和民族、地方特色的历史地段。保护历史文化街区的历史肌理、历史街巷、空间尺度和景观环境，以及古井、古桥、古树等环境要素，整治不协调建筑和景观，延续历史风貌。保护历史文化名城、名镇、名村（传统村落）的传统格局、历史风貌、人文环境及其所依存的地形地貌、河湖水系等自然景观环境，注重整体保护，传承传统营建智慧。保护非物质文化遗产及其依存的文化生态，发挥非物质文化遗产的社会功能和当代价值。

严格拆除管理。在城市更新中禁止大拆大建、拆真建假、以假乱真，不破坏地形地貌、不砍老树，不破坏传统风貌，不随意改变或侵占河湖水系，不随意更改老地名。切实保护能够体现城市特定发展阶段、反映重要历史事件、凝聚社会公众情感记忆的既有建筑，不随意拆除具有保护价值的老建筑、古民居。对于因公共利益需要或者存在安全隐患不得不拆除的，应进行评估论证，广泛听取相关部门和公众意见。

加强统筹协调。住房城乡建设、文物部门要履行好统筹协调职责，加强与宣传、发展改革、工业和信息化、民政、财政、自然资源、水利、农业农村、商务、文化和旅游、应急管理、林草等部门的沟通协商，强化城乡建设与各类历史文化遗产保护工作协同，加强制度、政策、标准的协调对接。加强跨区域、跨流域历史文化遗产的整体保护，结合国家文化公园建设保护等重点工作，积极融入国家重大区域发展战略。

强化奖励激励。鼓励地方政府研究制定奖补政策，通过以奖代补、资金补助等方式支持城乡历史文化保护传承工作。开展绩效跟踪评价，及时总结各地保护传承工作中的好经验好做法，对保护传承工作成效显著、群众普遍反映良好的，予以宣传推广。对在保护传承工作中作出突出贡献的组织和个人，按照国家有关规定予以表彰、奖励。

4.《国务院办公厅关于推进城区老工业区搬迁改造的指导意见》（国办发〔2014〕9号）

《国务院办公厅关于推进城区老工业区搬迁改造的指导意见》（国办发〔2014〕9号）指出：拓宽资金筹措渠道。鼓励银行业金融机构根据搬迁改造项目特点，完善金融服务。支持将城区老工业区符合要求的搬迁企业经营服务收入、应收账款以及搬迁改造项目贷款等作为基础资产，开展资产证券化工作。支持符合条件的企业通过发行企业债、中期票据和短期融资券等募集资金，用于城区老工业区搬迁改造。鼓励社会资本参与搬迁企业改制重组和城区老工业区市政基础设施建设。合理引导金融租赁公司和融资租赁公司按照商业可持续原则依法依规参与企业搬迁改造。国务院有关部门安排产业发展、市政基础设施和公共服务设施建设、污染治理等专项资金时，要加强协调，合力支持城区老工业区搬迁改造。继续安排城区老工业区搬迁改造专项资金，重点支持改造再利用老厂区老厂房发展新兴产业和企业搬迁改造等。适当安排中央和地方国有资本经营预算资金，支持城区老工业区搬迁改造中的国有企业棚户区改造。发展滞缓或主导产业衰退比较明显的老工业城市可将中央财政安排的相关转移支付资金重点用于城区老工业区搬迁改造。对列入实施方案的搬迁企业，按企业政策性搬迁所得税管理办法执行。

加大土地政策支持力度。对因搬迁改造被收回原国有土地使用权的企业，经批准可采取协议出让方式，按土地使用标准为其安排同类用途用地。改造利用老厂区老厂房发展符合规划的服务业，涉及原划拨土地使用权转让或改变用途的，经批准可采取协议出让方式供地。各级国土资源管理部门下达年度新增建设用地计划指标时，要根据实施方案确定的规模和时序，向搬迁企业承接地倾斜。中央企业所属企业搬迁，一次性用地数量较大、地方政府确实难以平衡解决的，可报请有关部门在安排下一年度用地计划指标时研究解决。对在搬迁企业原址发现地下文物或工业遗产被认定为文物的老工业区，所在市辖区因保护文物需要新增建设用地的，所在省级、市级人民政府优先安排用地计划指标。将已确定的城区老工业区搬迁改造试点所在市辖区纳入城镇低效用地再开发试点范围。

5.《国务院办公厅关于全面推进城镇老旧小区改造工作的指导意见》（国办发〔2020〕23 号）

2020 年 7 月，《国务院办公厅关于全面推进城镇老旧小区改造工作的指导意见》（国办发〔2020〕23 号），指出：城镇老旧小区改造是重大民生工程和发展工程，对满足人民群众美好生活需要、推动惠民生扩内需、推进城市更新和开发建设方式转型、促进经济高质量发展具有十分重要的意义。工作目标：2020 年新开工改造城镇老旧小区 3.9 万个，涉及居民近 700 万户；到 2022 年，基本形成城镇老旧小区改造制度框架、政策体系和工作机制；到"十四五"期末，结合各地实际，力争基本完成 2000 年底前建成的需改造城镇老旧小区改造任务。

明确改造对象范围。城镇老旧小区是指城市或县城（城关镇）建成年代较早、失养失修失管、市政配套设施不完善、社区服务设施不健全、居民改造意愿强烈的住宅小区（含单栋住宅楼）。各地要结合实际，合理界定本地区改造对象范围，重点改造 2000 年底前建成的老旧小区。

编制专项改造规划和计划。各地要进一步摸清既有城镇老旧小区底数，建立项目储备库。区分轻重缓急，切实评估财政承受能力，科学编制城镇老旧小区改造规划和年度改造计划，不得盲目举债铺摊子。建立激励机制，优先对居民改造意愿强、参与积极性高的小区（包括移交政府安置的军队离退休干部住宅小区）实施改造。养老、文化、教育、卫生、托育、体育、邮政快递、社会治安等有关方面涉及城镇老旧小区的各类设施增设或改造计划，以及电力、通信、供水、排水、供气、供热等专业经营单位的相关管线改造计划，应主动与城镇老旧小区改造规划和计划有效对接，同步推进实施。国有企事业单位、军队所属城镇老旧小区按属地原则纳入地方改造规划和计划统一组织实施。

建立统筹协调机制。各地要建立健全政府统筹、条块协作、各部门齐抓共管的专门工作机制，明确各有关部门、单位和街道（镇）、社区职责分工，制定工作规则、责任清单和议事规程，形成工作合力，共同破解难题，统筹推进城镇老旧小区改造工作。

合理落实居民出资责任。按照谁受益、谁出资原则，积极推动居民出资参与改造，可通过直接出资、使用（补建、续筹）住宅专项维修资金、让渡小区公共收益等方式落实。研究住宅专项维修资金用于城镇老旧小区改造的办法。支持小区居民提取住房公积金，用于加装电梯等自住住房改造。鼓励居民通过捐资捐物、投工投劳等支持改造。鼓励有需要的居民结合小区改造进行户内改造或装饰装修、家电更新。

加大政府支持力度。将城镇老旧小区改造纳入保障性安居工程，中央给予资金补助，按照"保基本"的原则，重点支持基础类改造内容。中央财政资金重点支持改造 2000 年底前建成的老旧小区，可以适当支持 2000 年后建成的老旧小区，但需要限定年限和比例。省级人民政府要相应做好资金支持。市县人民政府对城镇老旧小区改造给予资金支持，可以纳入国有住房出售收入存量资金使用范围；要统筹涉及住宅小区的各类资金用于城镇老旧小区改造，提高资金使用效率。支持各地通过发行地方政府专项债券筹措改造资金。

持续提升金融服务力度和质效。支持城镇老旧小区改造规模化实施运营主体采取市场化方式，运用公司信用类债券、项目收益票据等进行债券融资，但不得承担政府融资职能，杜绝新增地方政府隐性债务。国家开发银行、农业发展银行结合各自职能定位和业务范围，按照市场化、法治化原则，依法合规加大对城镇老旧小区改造的信贷支持力度。商业银行加大产品和服务创新力度，在风险可控、商业可持续前提下，依法合规对实施城镇老旧小区改造的企业和项目提供信贷支持。

推动社会力量参与。鼓励原产权单位对已移交地方的原职工住宅小区改造给予资金等支持。公房产权单位应出资参与改造。引导专业经营单位履行社会责任，出资参与小区改造中相关管线设施设备的改造提升；改造后专营设施设备的产权可依照法定程序移交给专业经营单位，由其负责后续维护管理。通过政府采购、新增设施有偿使用、落实资产权益等方式，吸引各类专业机构等社会力量投资参与各类需改造设施的设计、改造、运营。支持规范各类企业以政府和社会资本合作模式参与改造。支持以"平台＋创业单元"方式发展养老、托育、家政等社区服务新业态。

落实税费减免政策。专业经营单位参与政府统一组织的城镇老旧小区改造，对其取得所有权的设施设备等配套资产改造所发生的费用，可以作为该设施设备的计税基础，按规定计提折旧并在企业所得税前扣除；所发生的维护管理费用，可按规定计入企业当期费用税前扣除。在城镇老旧小区改造中，为社区提供养老、托育、家政等服务的机构，提供养老、托育、家政服务取得的收入免征增值税，并减按 90％计入所得税应纳税所得额；用于提供社区养老、托育、家政服务的房产、土地，可按现行规定免征契税、房产税、城镇土地使用税和城市基础设施配套费、不动产登记费等。

加快改造项目审批。各地要结合审批制度改革，精简城镇老旧小区改造工程审批事项和环节，构建快速审批流程，积极推行网上审批，提高项目审批效率。可由市县人民政府组织有关部门联合审查改造方案，认可后由相关部门直接办理立项、用地、规划审批。不涉及土地权属变化的项目，可用已有用地手续等材料作为土地证明文件，无须再办理用地手续。探索将工程建设许可和施工许可合并为一个阶段，简化相关审批手续。不涉及建筑主体结构变动的低风险项目，实行项目建设单位告知承诺制的，可不进行施工图审查。鼓励相关各方进行联合验收。

明确土地支持政策。城镇老旧小区改造涉及利用闲置用房等存量房屋建设各类公共服务设施的，可在一定年期内暂不办理变更用地主体和土地使用性质的手续。增设服务设施需要办理不动产登记的，不动产登记机构应依法积极予以办理。

6. 《住房城乡建设部关于扎实有序推进城市更新工作的通知》（建科〔2023〕30 号）

2023 年 7 月，《住房城乡建设部关于扎实有序推进城市更新工作的通知》（建科〔2023〕30 号），要求：扎实有序推进实施城市更新行动，提高城市规划、建设、治理水平，推动城市高质量发展，现就有关事项通知如下：

（1）坚持城市体检先行。建立城市体检机制，将城市体检作为城市更新的前提。坚持问题导向，划细城市体检单元，从住房到小区、社区、街区、城区，查找群众反映强烈的难点、堵点、痛点问题。坚持目标导向，以产城融合、职住平衡、生态宜居等为目标，查找影响城市竞争力、承载力和可持续发展的短板弱项。坚持结果导向，把城市体检发现的问题短板作为城市更新的重点，一体化推进城市体检和城市更新工作。

（2）发挥城市更新规划统筹作用。依据城市体检结果，编制城市更新专项规划和年度实施计划，结合国民经济和社会发展规划，系统谋划城市更新工作目标、重点任务和实施措施，划定城市更新单元，建立项目库，明确项目实施计划安排。坚持尽力而为、量力而行，统筹推动既有建筑更新改造、城镇老旧小区改造、完整社区建设、活力街区打造、城市生态修复、城市功能完善、基础设施更新改造、城市生命线安全工程建设、历史街区和历史建筑保护传承、城市数字化基础设施建设等城市更新工作。

（3）强化精细化城市设计引导。将城市设计作为城市更新的重要手段，完善城市设计管理制度，明确对建筑、小区、社区、街区、城市不同尺度的设计要求，提出城市更新地块建设改造的设计条件，组织编制城市更新重点项目设计方案，规范和引导城市更新项目实施。统筹建设工程规划设计与质量安全管理，在确保安全的前提下，探索优化适用于存量更新改造的建设工程审批管理程序和技术措施，构建建设工程设计、施工、验收、运维全生命周期管理制度，提升城市安全韧性和精细化治理水平。

（4）创新城市更新可持续实施模式。坚持政府引导、市场运作、公众参与，推动转变城市发展方式。加强存量资源统筹利用，鼓励土地用途兼容、建筑功能混合，探索"主导功能、混合用地、大类为主、负面清单"更为灵活的存量用地利用方式和支持政策，建立房屋全生命周期安全管理长效机制。健全城市更新多元投融资机制，加大财政支持力度，鼓励金融机构在风险可控、商业可持续前提下，提供合理信贷支持，创新市场化投融资模式，完善居民出资分担机制，拓宽城市更新资金渠道。建立政府、企业、产权人、群众等多主体参与机制，鼓励企业依法合规盘活闲置低效存量资产，支持社会力量参与，探索运营前置和全流程一体化推进，将公众参与贯穿于城市更新全过程，实现共建共治共享。鼓励有立法权的地方出台地方性法规，建立城市更新制度机制，完善土地、财政、投融资等政策体系，因地制宜制定或修订地方标准规范。

（5）明确城市更新底线要求。坚持"留改拆"并举、以保留利用提升为主，鼓励小规模、渐进式有机更新和微改造，防止大拆大建。加强历史文化保护传承，不随意改老地名，不破坏老城区传统格局和街巷肌理，不随意迁移、拆除历史建筑和具有保护价值的老建筑，同时也要防止脱管失修、修而不用、长期闲置。坚持尊重自然、顺应自然、保护自然，不破坏地形地貌，不伐移老树和有乡土特点的现有树木，不挖山填湖，不随意改变或侵占河湖水系。坚持统筹发展和安全，把安全发展理念贯穿城市更新工作各领域和全过程，加大城镇危旧房屋改造和城市燃气管道等老化更新改造力度，确保城市生命线安全，坚决守住安全底线。

7. 自然资源部办公厅《支持城市更新的规划与土地政策指引（2023 版）》

2023 年 11 月，自然资源部办公厅印发《支持城市更新的规划与土地政策指引（2023 版）》，明确：在我国经济由高速增长阶段转向高质量发展阶段，城市更新成为国土空间全域范围内持续完善功能、优化布局、提升环境品质、激发经济社会活力的空间治理活动，是亟需坚持国土空间规划引领、加强规划与土地政策衔接、统一和规范国土空间用途管制的重要领域。

坚持规划统筹、坚持底线管控、坚持节约集约、坚持绿色低碳、坚持多方参与、坚持因地制宜的原则；将城市更新要求融入国土空间规划体系，各级各类国土空间规划的编制应根据城市发展的阶段特征和推进城市更新的要求，着力完善国土空间规划和规划管理程序，充分适应城市高质量发展的需要，将有关城市更新的国土空间规划要求纳入国土空间规划"一张图"实施监督信息系统进行管理。总体规划要提出城市更新的规划目标和工作重点。近期行动计划需明确近期重点推进的更新区域和重大更新项目，拟定近期城市更新任务清单，并纳入总体规划的近期行动计划。专项规划要因地制宜、多措并举适应城市更新。

针对城市更新特点，改进国土空间规划方法。识别更新对象，做实基础调查，开展前期评估，梳理更新需求和更新意愿，开展城市设计等专题研究，明确更新重点和更新对策，促进产业转型升级，扩容升级基础设施，提升社区宜居水平，保护传承历史文化，优化公共空间格局和品质，倡导绿色和数字智能技术。完善城市更新支撑保障的政策工具，优化规划管控，复合利用土地，优化容积率核定，统筹建筑规模，实行负面清单管控，技术标准差异化；丰富土地配置方式，盘活利用存量低效土地，规范土地复合利用；细化土地使用年限和年期，实施差别化税费计收，优化地价计收规则；保障主体权益，妥善处置历史遗留问题，依法依规完成确权登记。加强城市更新的规划服务和监管，完善全生命周期管理，促进市场供需对接，强化土地合同监管，加强规划实施评估。

8. 财政部办公厅、住房和城乡建设部办公厅《关于开展城市更新示范工作的通知》（财办建〔2024〕24 号）

2024 年 6 月，财政部办公厅、住房和城乡建设部办公厅下发《关于开展城市更新示范工作的通知》，指出：

为贯彻党的二十大关于"实施城市更新行动"的要求，落实中央经济工作会议具体部署，自 2024 年起，中央财政创新方式方法，支持部分城市开展城市更新示范工作，重点支持城市基础设施更新改造，进一步完善城市功能、提升城市品质、改善人居环境，推动建立"好社区、好城区"，促进城市基础设施建设由"有没有"向"好不好"转变，着力解决好人民群众急难愁盼问题，助力城市高质量发展。

（1）工作目标和原则

财政部会同住房城乡建设部通过竞争性选拔，确定部分基础条件好、积极性高、特色突出的城市开展典型示范，扎实有序推进城市更新行动。中央财政对示范城市给予定额补助。示范城市制定城市更新工作方案，统筹使用中央和地方资金，完善法规制度、规划标准、投融资机制及相关配套政策，结合开展城市地下管网更新改造、污水管网"厂网一体"建设改造、市政基础设施补短板、老旧片区更新改造等重点工作，不断推进城市更新工作。力争通过三年示范，城市地下管网集约敷设水平和安全性稳步提高，生活污水收集处理效能显著提升，市政基础设施短板弱项得到有效改善，持续推动老旧片区宜居环境建设，满足人民高品质生活需要，并形成可复制、可推广的模式和经验。

（2）支持范围和申报条件

城市更新示范工作支持对象是地级及以上城市。2024 年，每省（区、市）可推荐 1 个城市参评，首批评选 15 个示范城市，重点向超大特大城市和长江经济带沿线大城市倾斜，中央财政补助资金重点支持城市地下管网更新改造和污水管网"厂网一体"建设改造等。

示范城市需同时满足以下基础条件：

1）建立推动城市更新工作的组织领导和协调工作机制，并制定示范城市建设工作方案；

2）城市财力应满足城市更新投入需要，地方政府债务风险低，不得因开展城市更新形成新的政府隐性债务；

3）近年来未在住房和城乡建设领域出现重大生产安全事故或重大负面舆情事件。

（3）遴选组织方式

示范城市选拔采取竞争性评审的方式选拔确定，重点向基础工作扎实、条件具备、积极性高的城市倾斜。

1）省级推荐。省级财政、住房城乡建设部门对照示范工作要求，择优推荐本地区符合条件的城市参与评审，组织编制实施方案，并提供必要的支撑材料。

2）专家评审。财政部、住房城乡建设部组织专家对城市申报方案进行审查、打分。按照 120％差额比例确定进入现场答辩的城市名单。

3）现场答辩。进入现场答辩的各城市派员参加公开答辩，现场打分、现场公布排名，前 15 名为入围城市。

4）集中公示。入围城市经过公示，无异议的确定为示范城市。存在异议并经查实的，取消示范资格。

（4）补助标准和支持范围

1）中央财政资金补助标准。中央财政按区域对示范城市给予定额补助。其中：东部地区每个城市补助总额不超过 8 亿元，中部地区每个城市补助总额不超过 10 亿元，西部地区每个城市补助总额不超过 12 亿元，直辖市每个城市补助总额不超过 12 亿元。资金根据工作推进情况分年拨付到位。

2）资金支持方向。示范城市通过多种渠道筹集资金，系统化推进城市更新行动，统筹推进城市地下管网和综合管廊建设、污水管网"厂网一体"建设改造、市政基础设施补短板、老旧片区更新改造等工作，优化城市空间布局，完善城市功能。具体包括：

①城市地下管网更新改造。对城市燃气、热力、给水排水、电力等城市地下管网实施更新改造，因地制宜推进城市地下综合管廊建设，提升城市地下管网整体水平。

②城市污水管网全覆盖样板区建设。对污水处理管网按照"厂网一体"的模式进行更新改造，提升污水收集处理效能。

③市政基础设施补短板。对生活垃圾分类、综合杆箱、物流设施等市政基础设施进行提升改造，补齐城市基础设施短板弱项；提升城市绿地服务功能，推进口袋公园建设和绿地开放共享。

④老旧片区更新改造。对历史文化街区、既有公共建筑、公共空间等进行节能降碳等提升改造，持续改善建筑功能和提升生活环境品质。实施城市功能完善工程，推进适老化适儿化改造，加快公共场所无障碍环境建设改造。

示范城市要按照因地制宜、因城施策的原则，突出本次城市更新的示范重点内容，有针对性地解决制约本城市发展的问题，避免面面俱到、"撒胡椒面"。同时，应与现有政策做好统筹衔接，具体项目上不得重复使用 2023 年增发国债资金、中央预算内投资、车购税资金、超长期特别国债等其他渠道中央财政资金，防止交叉重复。

（5）日常跟踪、监督检查及绩效管理

省级住房城乡建设、财政部门应建立对示范城市的日常跟踪及监督检查机制，及时将示范城市的任务落实、存在问题及经验做法等报住房城乡建设部、财政部（原则上每个典型示范城市每年不少于 1 期）。其中，住房城乡建设部重点检查任务完成情况，财政部门重点检查财政资金使用合规情况。住房城乡建设部、财政部将在汇总地方上报情况的基础上，对示范城市开展抽查。

财政部、住房城乡建设部按照预算管理有关要求开展绩效评价。财政部主要负责绩效评价方案制定、指标设置等，住房城乡建设部主要负责方案组织实施、任务完成情况核实等。绩效评价结果将与中央财政资金拨付挂钩。对绩效评价结果较差的示范城市，将视情况缓拨、扣减补助资金。

第二节　省级层面

1. 北京市

2022 年 11 月 25 日，北京市第十五届人民代表大会常务委员会第四十五次会议通过了《北京市城市更新条例》。规定：为了落实北京城市总体规划，以新时代首都发展为统领推动城市更新，加强"四个中心"功能建设，提高"四个服务"水平，优化城市功能和空间布局，改善人居环境，加强历史文化保护传承，激发城市活力，促进城市高质量发展，建设国际一流的和谐宜居之都，根据有关法律、行政法规，结合本市实际，制定本条例。

本条例所称城市更新，是指对本市建成区内城市空间形态和城市功能的持续完善和优化调整。

本市城市更新工作遵循规划引领、民生优先，政府统筹、市场运作，科技赋能、绿色发展，问题导向、有序推进，多元参与、共建共享的原则，实行"留改拆"并举，以保留利用提升为主。

本市城市更新活动应当按照公开、公平、公正的要求，完善物业权利人、利害关系人依法参与城市更新规划编制、政策制定、民主决策等方面的制度,建立健全城市更新协商共治机制,发挥业主自治组织作用,保障公众在城市更新项目中的知情权、参与权和监督权。鼓励社会资本参与城市更新活动、投资建设运营城市更新项目;畅通市场主体参与渠道,依法保障其合法权益。市场主体应当积极履行社会责任。

本市建立城市更新专家委员会制度,为城市更新有关活动提供论证、咨询意见。

本市按照国土空间规划体系要求,通过城市更新专项规划和相关控制性详细规划对资源和任务进行时空统筹和区域统筹,通过国土空间规划"一张图"系统对城市更新规划进行全生命周期管理,统筹配置、高效利用空间资源。

编制城市更新专项规划,应当向社会公开,充分听取专家、社会公众意见,及时将研究处理情况向公众反馈。

编制更新类控制性详细规划,应当根据城市建成区特点,结合更新需求以及群众诉求,科学确定规划范围、深度和实施方式,小规模、渐进式、灵活多样地推进城市更新。

城市更新项目应当依据控制性详细规划和项目更新需要,编制实施方案。符合本市简易低风险工程建设项目要求的,可以直接编制项目设计方案用于更新实施。

城市更新项目涉及单一物业权利人的,物业权利人自行确定实施主体;涉及多个物业权利人的,协商一致后共同确定实施主体;无法协商一致,涉及业主共同决定事项的,由业主依法表决确定实施主体。

多个相邻或者相近城市更新项目的物业权利人,可以通过合伙、入股等多种方式组成新的物业权利人,统筹集约实施城市更新。

实施主体负责开展项目范围内现状评估、房屋建筑性能评估、消防安全评估、更新需求征询、资源整合等工作,编制实施方案,推动项目范围内物业权利人达成共同决定。具备规划设计、改造施工、物业管理、后期运营等能力的市场主体,可以作为实施主体依法参与城市更新活动。

本市建立市、区两级城市更新项目库，实行城市更新项目常态申报和动态调整机制，由城市更新实施单元统筹主体、项目实施主体向区城市更新主管部门申报纳入项目库。具体办法由市住房城乡建设部门会同有关部门制定。具备实施条件的项目，有关部门应当听取项目所在地街道办事处、乡镇人民政府以及有关单位和个人意见，及时纳入城市更新计划。

本市探索实施建筑用途转换、土地用途兼容。市规划自然资源部门应当制定具体规则，明确用途转换和兼容使用的正负面清单、比例管控等政策要求和技术标准。存量建筑在符合规划和管控要求的前提下，经依法批准后可以转换用途。鼓励各类存量建筑转换为市政基础设施、公共服务设施、公共安全设施。公共管理与公共服务类建筑用途之间可以相互转换；商业服务业类建筑用途之间可以相互转换；工业以及仓储类建筑可以转换为其他用途。

开展城市更新活动的，国有建设用地依法采取租赁、出让、先租后让、作价出资或者入股等有偿使用方式或者划拨方式配置。采取有偿使用方式配置国有建设用地的，可以按照国家规定采用协议方式办理用地手续。城市更新范围内已取得土地和规划审批手续的建筑物，可以纳入实施方案研究后一并办理相关手续。

市、区人民政府应当加强相关财政资金的统筹利用，可以对涉及公共利益、产业提升的城市更新项目予以资金支持，引导社会资本参与。鼓励通过依法设立城市更新基金、发行地方政府债券、企业债券等方式，筹集改造资金。纳入城市更新计划的项目，依法享受行政事业性收费减免，相关纳税人依法享受税收优惠政策。鼓励金融机构依法开展多样化金融产品和服务创新，适应城市更新融资需求，依据审查通过的实施方案提供项目融资。

市人民政府以及市住房城乡建设等有关部门应当加强对区

人民政府及其有关部门城市更新过程中实施主体确定、实施方案审核、更新决定作出、审批手续办理、信息系统公示等情况的监督指导。

2. 上海市

2021 年 8 月 25 日，上海市第十五届人民代表大会常务委员会第三十四次会议通过了《上海市城市更新条例》。强调：为了践行"人民城市"重要理念，弘扬城市精神品格，推动城市更新，提升城市能级，创造高品质生活，传承历史文脉，提高城市竞争力、增强城市软实力，建设具有世界影响力的社会主义现代化国际大都市，根据有关法律、行政法规，结合本市实际，制定本条例。

本市城市更新，坚持"留改拆"并举、以保留保护为主，遵循规划引领、统筹推进，政府推动、市场运作，数字赋能、绿色低碳，民生优先、共建共享的原则。

本市设立城市更新中心，按照规定职责，参与相关规划编制、政策制定、旧区改造、旧住房更新、产业转型以及承担市、区人民政府确定的其他城市更新相关工作。

本市设立城市更新专家委员会（以下简称专家委员会）。专家委员会按照本条例的规定，开展城市更新有关活动的评审、论证等工作，并为市、区人民政府的城市更新决策提供咨询意见。

市规划资源部门应当会同市发展改革、住房城乡建设管理、房屋管理、经济信息化、商务、交通、生态环境、绿化市容、水务、文化旅游、应急管理、民防、财政、科技、民政等部门，编制本市城市更新指引，报市人民政府审定后向社会发布，并定期更新。

更新区域内的城市更新活动，由更新统筹主体统筹开展；由更新区域内物业权利人实施的，应当在更新统筹主体的统筹组织下进行。

区域更新方案经认定后，更新项目建设单位依法办理立项、土地、规划、建设等手续；区域更新方案包含相关审批内容且符合要求的，相关部门应当按照"放管服"改革以及优化营商环境的要求，进一步简化审批材料、缩减审批时限、优化审批环节，提高审批效能。

市、区人民政府应当安排资金，对旧区改造、旧住房更新、"城中村"改造以及涉及公共利益的其他城市更新项目予以支持。鼓励通过发行地方政府债券等方式，筹集改造资金。

鼓励金融机构依法开展多样化金融产品和服务创新，满足城市更新融资需求。支持符合条件的企业在多层次资本市场开展融资活动，发挥金融对城市更新的促进作用。

城市更新项目，依法享受行政事业性收费减免和税收优惠政策。

更新区域内项目的用地性质、容积率、建筑高度等指标，在保障公共利益、符合更新目标的前提下，可以按照规划予以优化。

根据城市更新地块具体情况，供应土地采用招标、拍卖、挂牌、协议出让以及划拨等方式。按照法律规定，没有条件，不能采取招标、拍卖、挂牌方式的，经市人民政府同意，可以采取协议出让方式供应土地。鼓励在符合法律规定的前提下，创新土地供应政策，激发市场主体参与城市更新活动的积极性。城市更新涉及旧区改造、历史风貌保护和重点产业区域调整转型等情形的，可以组合供应土地，实现成本收益统筹。城市更新以拆除重建和改建、扩建方式实施的，可以按照相应土地用途和利用情况，依法重新设定土地使用期限。城市更新涉及补缴土地出让金的，应当在土地价格市场评估时，综合考虑土地取得成本、公共要素贡献等因素，确定土地出让金。

城市更新因历史风貌保护需要，建筑容积率受到限制的，可以按照规划实行异地补偿；城市更新项目实施过程中新增不可移动文物、优秀历史建筑以及需要保留的历史建筑的，可以给予容积率奖励。鼓励既有建筑在符合相关规定的前提下进行更新改造，改善功能。鼓励旧住房与周边闲置用房进行联动更新改造，改善功能。

城市更新活动涉及居民安置的，可以按照规定统筹使用保障性房源。

浦东新区应当统筹推进城市有机更新，与老城区联动，加快老旧小区改造，打造时代特色城市风貌。支持浦东新区在城市更新机制、模式、管理等方面率先进行创新探索；条件成熟时，可以在全市推广。

支持浦东新区深化产业用地"标准化"出让方式改革，增加混合产业用地供给，探索不同产业用地类型合理转换。

3. 内蒙古自治区

2021年9月，《内蒙古自治区人民政府办公厅关于实施城市更新行动的指导意见》（内政办发〔2021〕40号）。指出：

实施城市更新行动，是党的十九届五中全会作出的重大决策部署，是顺应城市发展进入新阶段，推动城市高质量发展的重大战略举措。城市更新既是贯彻落实新发展理念的重要载体，又是构建新发展格局的重要支点，也是推进碳达峰碳中和的重要路径。

重点任务：

（1）建设宜居舒适城市。完善空间布局，推进老旧小区改造，推动老旧房屋改造，推进老旧厂区改造，实施生态修复和功能完善；（2）打造绿色低碳城市。推动园林绿化建设，构建绿色建筑体系，加快实施清洁供暖，规范开展生活垃圾分类；（3）构建安全韧性城市。推进海绵城市建设，推进新型城市基础设施建设，加强工程消防设计审查验收，维护城市公共安全；（4）创建智慧活力城市。推进城市信息平台建设，开展地下市政基础设施普查；（5）塑造人文特色城市。加强历史文化保护，加强风貌特色管控。

工作措施：

（1）全面开展城市体检；（2）科学编制实施方案；（3）开展实施效果评估。

组织保障：

（1）加强组织领导。（2）强化政策保障。创新立项、土地、规划、审批等配套制度，形成与大规模存量提质改造相适应的管理制度和政策体系。加大城市更新项目用地保障力度，优化新增建设用地供应结构，盘活利用现有城镇存量建设用地，优先用于城市更新项目，根据需要依法调整用地性质和用途。持续优化营商环境，通过减环节、减材料、优化审批流程，提高城市更新相关项目审批效率。（3）加大资金支持。积极争取中央补助资金，调整优化财政支出结构，加大城市更新项目投入。统筹自治区专项资金，引导财政性补助资金向城市更新项目倾斜。支持地方人民政府加大专项债券资金对城市更新项目的投入。充分发挥政策性金融作用，创新金融产品和服务，为城市更新提供可持续的融资支持。鼓励社会资本参与城市更新项目建设。（4）做好宣传引导。

4. 湖北省

2022 年 8 月，湖北省住房和城乡建设厅印发了《湖北省城市更新工作指引（试行）》，指出：城市更新包含发展理念更新、物质形态更新、治理体系更新、建设模式更新等四个方面的深层内涵。基本原则是：规划引领、稳妥推进；问题导向、精准施策；因地制宜、科学适度；政府引导、市场主体；以人为本、全民参与。重点任务是：完善城市空间结构、实施城市生态修复和功能完善工程、强化城市特色风貌塑造、加强居住社区建设、推进新型城市基础设施建设、加强城镇老旧小区改造、加强城市安全韧性建设、推进以县城为重要载体的城镇化建设。工作程序为：开展城市体检、编制城市更新规划、编制城市更新项目实施方案、项目实施建设与运营管理。

开展城市体检。以城市更新为重要导向开展城市体检，建立城市更新体检基础数据库。

编制城市更新规划。明确编制要求、编制内容、年度实施计划。

编制城市更新项目实施方案。明确实施主体、编制要求、编制内容。

项目实施建设与运营管理。包括审批报建、建设管理、运营管理。

保障机制：

（1）组织保障措施。

建立城市更新统筹工作机制，强化各级政府及行业主管部门职责，引导多元实施主体参与。

（2）资源保障措施。

探索土地、矿产、水资源、林业资源等自然资源在城市更新项目中的应用，鼓励实施主体通过获得相应自然资源资产使用权或特许经营权发展适宜产业，或通过经政府批准的资源综合利用获得收益。

（3）金融保障措施。

统筹安排财政资金，用好地方政府债券，加强政策性银行合作，鼓励金融机构参与，引导社会资本投入，探索资金组合拳。

（4）监督保障措施：

①注重风险防范；②工作监督考核机制；③加强实施主体监督。

（5）建立城市更新负面清单。

在城市更新工作中，应注重以下事项：

①不破坏地形地貌、挖山填湖；

②不随意改变或侵占河湖水系；

③不过度硬化；

④不破坏老城区传统格局和街巷肌理；

⑤不随意迁移、拆除具有保护价值的历史建筑、古民居；

⑥不伐移名木古树和有乡土特点的现有树木；

⑦不随意改建具有历史价值的公园；

⑧不随意改老地名；

⑨不破坏野生动物栖息地和迁徙通道；

⑩不违法违规变相举债；

⑪不大拆大建；

⑫不"贪大、媚洋、求怪"。

（6）完善信息化数据平台。

建立"政企银"合作信息化平台，通过信息化的手段，对城市更新各类需求进行在线匹配，充分调动银行等金融机构参与城市更新的积极性，加强规划设计、工程建设、咨询服务等第三方实施机构与实施主体的互动沟通，加快项目落地。

（7）探索省级试点先行先试。鼓励地方结合各地实际，组织多专业、复合型的专家团队，因地制宜探索城市更新的工作机制、实施模式、支持政策、技术方法和管理制度，推动城市结构优化、功能完善和品质提升，打造省级城市更新试点，形成可复制、可推广的经验做法，引导各地科学有序、积极稳妥实施城市更新行动，全面提升城市功能与品质。

第三节　市级层面

1. 广州市

2015 年 9 月，广州市人民政府公布了《广州市城市更新办法》，自 2016 年 1 月 1 日起施行。

本办法所称城市更新是指由政府部门、土地权属人或者其他符合规定的主体，按照"三旧"改造政策、棚户区改造政策、危破旧房改造政策等，在城市更新规划范围内，对低效存量建设用地进行盘活利用以及对危破旧房进行整治、改善、重建、活化、提升的活动。

城市更新遵循"政府主导、市场运作，统筹规划、节约集约，利益共享、公平公开"的原则。

城市更新应当坚持以人为本，公益优先，尊重民意，切实改善民生。城市更新应当提升城市基础设施，完善公共服务配套，推进基本公共服务均等化，营造干净、整洁、平安、有序的城市环境。

城市更新应当有利于产业集聚，促进产业结构调整和转型升级。城市更新应当引导产业高端化、低碳化、集群化、国际化发展，支持金融、科技、总部经济、电子商务、文化体育等现代服务业，推动制造业高端化发展，培育壮大战略性新兴产业，优化总部经济发展环境，以总部经济引领产业转型升级。

城市更新应当推进产业项目集聚，引导落后产业整合和升级改造，推动优势产业、优势企业、优势资源和要素集中，并充分发挥其辐射、带动功能，发展以优势产业（产品）链为主导、关联性强、集约度高的产业集群。

城市更新应当坚持历史文化保护，延续历史文化传承，维护城市脉络肌理，塑造特色城市风貌，提升历史文化名城魅力。

城市更新应当根据不同地域文化特色，挖掘和展示名城、名镇、名村和历史街区、旧村落、历史建筑等文化要素和文化内涵，传承城市历史，发挥历史建筑的展示和利用功能，实现历史文化产业保护与城市更新和谐共融、协调发展。

城市更新规划应当符合国民经济和社会发展规划、城市总体规划、土地利用总体规划。城市更新实施应当结合更新地块实际，科学规划，针对区域不同特点，制定改造策略和控制标准，做到因地制宜、疏密有致，优化城市发展空间和战略布局。

城市更新应当增进社会公共利益，完善更新区域内公共设施，充分整合分散的土地资源，推动成片连片更新，注重区域统筹，确保城市更新中公建配套和市政基础设施同步规划、优先建设、同步使用，实现协调、可持续的有机更新，提升城市机能。

城市更新应当注重土地收储和整备，按照片区策划方案确定的发展定位、更新策略和产业导向的要求，加强政府土地储备，推进成片连片更新。

城市更新应当统筹兼顾各方利益，建立健全土地增值收益共享机制，尊重和保障土地权利人的权益，合理调节村集体、村民、原权属人、市场参与主体的利益和政府公共利益，确保国有、集体资产保值、增值，引导、激励相关利益主体积极参与改造，实现利益共享共赢。

城市更新改造应当立足实际，因地制宜，积极稳妥，量力而行。城市更新应当结合城市发展战略，依托项目自身禀赋和地块周边特色，以开发重建、整治修缮、历史文化保护等分类方式，统筹兼顾，突出重点，先易后难，有序推进。

城市更新可多渠道筹集更新资金来源，包括：市、区财政安排的城市更新改造资金及各级财政预算中可用于城市更新改造的经费；国家有关改造贷款政策性信贷资金；融资地块的出让金收入；参与改造的市场主体投入的更新改造资金；更新改造范围内土地、房屋权属人自筹的更新改造经费；其他符合规定的资金。

城市更新主管部门应当加强城市更新基础数据库和动态监控信息系统建设，做好更新改造审核、项目实施、竣工验收等情况的标图入库，实行更新改造全程动态监管。

建立城市更新重点项目建设实施情况的定期考核通报制度，重点考核常态化工作机制建设、更新改造资金使用、年度改造目标完成量、改造项目批后监管措施等内容，将考核结果作为城市更新改造年度实施计划制订和资金分配的重要依据。

建立城市更新项目退出机制。加强对城市更新项目的时限管理，城市更新项目实施主体未按时限完成拆迁安置或办理土地出让手续或完成移交土地的，项目实施方案需报市城市更新领导机构重新审定。

2. 石家庄市

2023年11月30日，河北省第十四届人民代表大会常务委员会第六次会议批准了《石家庄市城市更新条例》，自2023年12月31日起施行。

《石家庄市城市更新条例》明确：开展城市更新活动，应当坚持以人民为中心，遵循规划引领、统筹推进，政府主导、市场运作，科技赋能、绿色低碳，多元参与、共建共享的原则。

本市设立城市更新专家委员会。专家委员会按照本条例的规定，开展城市更新有关活动的评审、论证等工作，并为城市更新决策提供咨询意见。

市、县（市）人民政府应当分别建立城市更新管理平台，对城市更新实时动态监测，为城市更新工作提供保障。

市、县（市）城市更新部门或者工作机构会同有关部门编制城市更新规划，经本级人民政府批准后，纳入控制性详细规划。

市、县（市）城市更新部门或者工作机构会同有关部门编制更新单元策划方案，经城市更新专家委员会论证后，报本级人民政府批准。

更新单元策划方案以城市更新规划为指引，综合考虑未来发展定位、存量更新资源、公共要素配置、空间布局等因素，确定更新总量控制、规划调整建议、更新项目划定等相关内容。

市、县（市）城市更新部门或者工作机构应当建立城市更新项目库，对项目库内的项目实行常态申报和动态调整。

市、县（市、区）人民政府应当按照公开、公平、公正的原则，依法依规确定更新项目实施主体。

零星更新项目，物业权利人有自主更新意愿的，在符合规划的前提下，可以由物业权利人依法依规实施。由物业权利人实施更新的，可以采取与经营主体合作方式。

更新项目实施中，应当加强对历史文化名城、历史文化街区、历史建筑等的保护和活化利用，保持老城格局和街巷肌理，彰显地方历史文化特色。

实施市政基础设施更新改造的，应当完善道路网络、环境卫生、供水、排水、供热、供电、供气等公共基础设施。

实施老旧小区、城中村更新改造的，应当统筹考虑群众意愿、规划布局、安全隐患等因素，节约集约利用土地，加强养老、托育、家政、快递等便民服务设施建设，改善居住条件。

实施老旧厂区更新改造的，应当注重工业遗产保护和活化利用，明确保留保护建筑，按照相关要求开展修缮、维护；充分挖掘文化内涵和再生价值，发展文化创意、旅游等产业。

实施老旧街区更新改造的，应当优化业态结构、完善老旧楼宇等建筑安全和使用功能、提升空间品质、提高服务水平，拓展新场景、挖掘新消费潜力，推进精品街道、城市客厅、创意园区等活力街区建设。

实施产业园区更新改造的，应当提升园区配套服务能力，促进传统产业转型升级，加快培育现代产业，提升产业能级。

实施公共空间更新改造的，应当统筹绿色空间、滨水空间、慢行系统、边角地、插花地、夹心地等，改善环境品质与风貌特色。可以将边角地、插花地、夹心地同步纳入城市更新项目同步组织实施。

行政审批、住房和城乡建设、自然资源和规划等部门应当建立科学合理的并联审批工作机制，提高项目审批效率。

市、县（市、区）人民政府应当制定城市更新相关资金支持政策。鼓励通过依法设立城市更新基金、发行地方政府债券、企业债券等方式，筹集改造资金。

鼓励社会资本通过公开公平公正的方式参与城市更新活动；鼓励金融机构依法开展多样化金融产品和服务创新，依据审查通过的实施方案提供项目融资。

纳入城市更新计划的项目，按照有关规定享受行政事业性收费、政府性基金减免，相关纳税人依法享受税收优惠政策。

城市更新单元中的城市更新项目，在符合控制性详细规划的前提下，项目内居住地块之间可以进行指标平衡。

市、县（市、区）人民政府应当探索建立城市更新规划、建设、管理、运行、拆除等全生命周期管理制度。

3. 宁波市

2023 年 6 月，宁波市人民政府印发了《宁波市城市更新办法》，规定：城市更新应当遵循以人为本、民生优先，规划引领、片区推进，盘活存量、提质增效，传承文脉、彰显特色，政府引导、共同参与的基本原则，坚持因地制宜，坚持"留改拆"并举，坚持旧改、新建分类施策（旧改含保留、改造，新建含拆除重建）。

城市更新规划编制过程中，应当大力开展城市设计研究，运用城市设计方法，明确从建筑到小区、到社区、到城市不同尺度的更新设计要求。

坚持问题导向，坚持城市更新体检先行，建立城市体检制度。将城市体检评估作为城市更新专项规划、片区策划方案编制的前置环节，城市体检发现的问题作为明确更新片区和更新项目的重要依据。

加强城市更新项目建设精细化管理，强化组织协调，优化空间整合、专业统筹和时序衔接，规范项目实施和质量安全管理，落实绿色、节能、海绵城市建设、无障碍环境建设等要求，探索新型施工工艺、组织方式、建造方式，完善长效管理模式，创新"城市退红空间"更新改造与治理模式。

探索建立城市更新可持续运营模式，坚持更新片区整体运营设计，不断完善服务标准体系，持续强化数字管理赋能，始终将可持续运营理念贯穿于规划、招商、建设与运营全过程，推动实现"投、建、管、运"一体化发展。

发挥政府引导作用，引入社会资本、物业权利人等市场力量通过直接投资、间接投资等多种方式参与城市更新。建立以政府投入为引导、社会投入为主体的多元化筹资体系，统筹利用市场主体投入的资金、银行等金融机构提供的资金、各级财政安排的预算资金、城市更新基金等各类资金，支持和保障城市更新。

发挥财政资金撬动作用，加大地方政府债券等资金对城市更新项目的支持力度。通过多种方式，整合利用城镇老旧小区改造、棚户区改造、未来社区建设、街区更新等专项财政资金，统筹用于城市更新项目建设。

支持国有资本、社会资本盘活存量资产。通过盘活存量与改扩建有机结合、政府和社会资本合作（PPP）、资产证券化（ABS）等多种方式，筹集城市更新资金。统筹采取经营性资产注入、融资贴息、更新奖补等方式，鼓励市场主体参与城市更新。

设立市级城市更新基金，用于城市更新项目建设。市级城市更新基金由市级国有企业负责运营管理。

用好用足开发性、政策性金融对城市更新的支持政策。引导金融机构加大产品和服务创新力度，通过设立信贷金融新产品、专项低息贷款等方式提供融资支持，保障城市更新融资需求。创新资本市场金融产品，利用银行间市场、交易所市场相关直接融资工具，为城市更新建设提供资金支持。

实施主体依法办理立项、土地、规划、环保、建设等报批手续，相关部门应当精简审批材料、缩减审批时限、优化审批环节。允许城市更新项目打包立项审批，分子项实施。建立主项目综合审批机制，优化项目前期工作流程，可采取提前介入、容缺受理、并联审批等措施，在项目前期会审会商中形成综合意见，提高审批效能。

城市更新项目可结合实际情况，灵活划定用地边界，优化控制性详细规划调整程序；在保障公共利益和安全的前提下，可结合方案对容积率、用地性质、建筑高度等提出调整。

旧改类城市更新项目在按照相关技术规范进行核算的基础上，满足消防等安全要求并征询相关权利人意见后，部分地块的绿地率、间距、停车位、退让、交通出入等指标无法达到现行标准和规范的，可按不低于现状水平控制；改造部分的住宅日照标准无法达到现行标准的，可酌情降低，但不应低于大寒日日照 1h 的标准。

鼓励在符合规划和相关规定的前提下，整合可利用空地与闲置用房等空间资源，增加公共空间，完善市政基础设施与公共服务设施，推动加装电梯，优化提升城市功能。

城市更新既有建筑改造应当符合法律、法规和现行技术标准、等级要求，力求提升原建筑消防等安全水平；确实无法满足现行技术标准、等级要求的，遵循尊重历史、因地制宜的原则，在不改变原有使用功能的前提下，按照不低于原建造时的技术标准和等级组织实施。针对按现行标准无法实施的改造项目，探索开展消防技术等方面的专项研究。

因旧城区改造需要搬迁的工业用地项目，符合国家产业政策的，按程序报批同意后，可通过协议出让或租赁方式为原土地使用权人重新安排不超过原合法面积的工业用地。自有工业用地因扩大生产、增加产能等新扩建生产性用房或利用地下空间提高容积率的，不增收土地价款。

4. 郑州市

自 2024 年 3 月 1 日起施行的《郑州市城市更新条例》明确：城市更新应当坚持以人民为中心，坚持统筹发展与安全，遵循规划引领、民生优先、保护生态、传承文化的原则，实行政府引导、市场运作、公众参与，注重"留改拆"并举，以保留利用提升为主，防止大拆大建。

市、县（市）、上街区人民政府应当建立城市体检评估制度，定期组织开展城市体检工作。城市体检结果应当作为编制城市更新专项规划和城市更新年度计划的重要依据。

市人民政府应当建立市城市更新项目库，实施动态管理。具体管理办法由市人民政府另行规定。

市、县（市）、区人民政府组织城市更新主管部门以及自然资源和规划、住房保障和房地产管理、财政等部门，研究制定推进城市更新项目的行政许可办理、用地安排、规划调整、融资扶持等政策措施。

因确有实施困难，城市更新项目的建筑间距、建筑退线、日照时间、建筑密度、绿地率、机动车及非机动车停车位、公共服务设施配套等指标无法达到现行标准和规范的，在满足消防等安全要求并征得相关权利人同意后，可以按照改造后不低于现状的标准进行审批。

市人民政府设立城市更新发展基金，用于支持城市更新项目建设。

鼓励金融机构依法开展多样化金融产品和服务创新，为城市更新项目建设、运营等提供资金支持。

支持社会资本参与城市更新项目，畅通资本参与渠道，依法保障其合法权益。

城市更新项目的消防设计应当符合现行消防技术标准。

因受建筑本身以及周边场地等条件限制，无法满足现行消防技术标准要求的，实施主体应当组织开展专项消防设计，采取相应加强措施确保不低于原建筑物建造时的标准，并组织相关领域专家进行论证。符合开展特殊消防设计情形的，应当按照有关规定开展特殊消防设计专家评审。

市、县（市）、区人民政府应当加强对城市更新工作的督导考核，将城市更新工作纳入考核体系。

市城市更新主管部门应当制定考核细则，定期组织统一督导、考核评价工作，考核结果向社会公布。

县（市）、区人民政府应当严格审查项目实施方案，加强对城市更新项目实施过程和后期运营的监督管理，确保项目按照实施方案确定的更新目标、更新方向进行建设和运营。

第八章　典型案例

自开展城市更新工作以来，各地探索了不少可复制的经验，涌现出一大批城市更新典型案例，住房和城乡建设部在全国范围内组织遴选并印发了两批《城市更新典型案例》，供各地学习借鉴。本书推荐以下 6 个典型案例。

第一节　江西省景德镇市陶阳里历史文化街区保护更新项目

江西省景德镇市是我国著名"瓷都"、首批国家历史文化名城。2017 年，该市成功入选全国第二批"城市双修"试点城市；2021 年 11 月被住房和城乡建设部列为全国首批城市更新试点城市。

坐落于景德镇市珠山区的陶阳里历史文化街区，涵盖 108 条千年老城里弄、400 余年的明清窑作群和 70 余年的陶瓷工业遗产，由全国重点文物保护单位——御窑厂遗址以及御窑博物馆、周边里弄民居、会馆瓷行、窑作群落、陶瓷工业遗产等历史文化遗存组成。

2019 年，景德镇市陶阳里历史文化街区项目正式启动，项目总建筑面积约 20.3 万 m^2，建设内容包含民居街区修缮、古城市政里弄历史文化遗址加固、御窑厂遗址保护搬迁、景德镇御窑提升、景德镇博物馆建设以及各项配套设施建设。由老城区改造向文化创意产业、旅游服务业转型，使陶阳里历史文化街区既有"书卷气"，更有"烟火气"。

施工单位采用"微改造"的"绣花"功夫，对历史文化街区进行修复，将古建修缮与现代建筑技术相结合，既"绣面子"又"绣里子"，严格遵循传统工艺，同时又注入现代科技力量，让古老街区焕发新的生机。除了墙面，路面也同样使用大量数百年前的原始窑砖，通过"整砖上墙、碎砖落地"雕琢古城，运用砖的艺术造就了景德镇御窑博物馆"每一平方厘米都不相同"的建筑美学。

木，是确保陶阳里历史文化街区安全宜居的关键支撑。景德镇老城区建筑种类繁多，生产陶瓷的工业建筑、销售陶瓷制品的商贸建筑、民居建筑、会馆以及祠堂等错落分布，以传统的穿斗式木梁柱结构为代表，以大木作为主要的承重结构，但因年代久远，部分木构件腐朽、开裂、损坏，严重影响建筑的结构稳定。

施工单位以遵循原始风貌为出发点，根据现场浅挖寻找原始柱、相邻墙体砂浆痕迹寻找原始屋面梁、传统布局推测天井位置等方法还原破损坍塌的房屋布局，优化采用"不落架"的修缮方式，对于部分腐朽的木结构，仅抽换有蚁蛀等病害的木梁或桁条，符合结构安全支撑条件的原始木材和结构都被保留，并在旧梁原位置安装新的梁柱和桁条。"不落架"修缮巧妙实现"偷梁换柱"，既保持了建筑的原有设计风貌，又确保了建筑安全。

陶阳里历史文化街区内有多达 1127 栋建于明代、清代中晚期及近代时期的民居。数量庞大、各有特点的老旧房屋给修复带来了新的挑战。施工单位坚持"像爱惜自己的生命一样保护好城市历史文化遗产"，杜绝"一刀切"，结合每栋建筑的布局和结构特点，为其制订"一栋一案"的专属修缮策略。

该项目有序实施景德镇城市修补和有机更新，突出历史文化底蕴，以文化为先导，塑造景德镇市最重要的、开放的、传统文化公共空间，使地段风貌与重要历史地位相匹配，通过塑造体验传统瓷业生产、生活的重点项目，宣传老城的重要性，改善老城环境，融入城市展示体系，对进一步改善老城区环境品质、塑造城市形象具有重要意义。

该项目的建设以老城整体风貌的保护更新为方向，以修复好历史文化街区、老厂区、老里弄、老窑址为抓手，以传承陶瓷文化、留住城市记忆、延续厚重文脉为依托。通过对陶阳里历史文化街区进行城市修缮，把历史文化融入景德镇全域旅游中，将片区打造成5A级"陶阳里"陶瓷历史文化旅游街区，加强文化遗产保护传承和合理利用，从而推动景德镇的文化旅游产业发展与社会经济可持续增长。

升级改造后的陶阳里，既有文化小微企业办公区和市井体验片区，又有涵盖休闲、餐饮、公共服务等功能的消费区，还有展现千年陶瓷史的御窑博物馆及御窑厂遗址片区……各片区功能齐全，实现多业态有机融合，让陶阳里焕发出勃勃生机。据统计，2023年，整个陶阳里历史文化街区游客总计442万人次，旅游收入达到1.679亿元。

2023年10月11日，习近平总书记来到景德镇考察调研时指出，陶阳里历史文化街区严格遵循保护第一、修旧如旧的要求，实现了陶瓷文化保护与文旅产业发展的良性互动。

主要做法：

（1）注重保护传承。以景德镇申遗为龙头，以御窑厂为核心，以"三陶一区"为重点，对老街区、老厂区、老里弄和老窑址等实施立体控制和保护，通过文化赋能，修缮形成瓷文化研学体验基地，传统制瓷研学修学及展示中心，重新激活街区内的瓷文化，再现景德镇1000年陶瓷文化遗迹、600年御窑文化遗址和100年陶瓷工业遗存。

（2）注重有机更新。坚持以"留"为主的小微更新，通过80%以上的留、改及小部分的拆违、新建，最大化保护不同时代的遗存。严格按照配角原则、织补性原则，尊重周边街区风貌环境与老地形，填补停车功能不足等短板。

（3）创新消防验收机制。通过综合消防验收，创新技术标准、实行特例特审、建立智慧消防系统和群防群治机制，妥善处理好修缮保护与消防验收的关系。制定《景德镇市历史城区修缮保护及老厂区老厂房更新改造工程项目消防管理暂行规定》，为该项目提供政策支持。

第二节　广东省深圳市南头古城更新项目

如果说广东省深圳市南头古城将成为大湾区创意的集聚场，那么位于古城北部、总面积约 $11000m^2$ 的由老制衣工厂改造而成的新办公楼将成为南头的"文化创意引擎"，它不仅仅只是城市更新语境下的一栋建筑翻新，更是对深圳城市和创意产业发展的一次大胆尝试。

伴随着城市发展的转型和产业转移，曾经的工厂现已搬离，曾经的制衣厂房为深圳的早期建设完成了她的历史使命。2017年，工厂作为深港双年展的主展馆之一，曾短暂地绽放过光芒。双年展结束后，厂房被租给餐饮品牌，加建了一层楼后再次被荒置，长期被工地围挡包围着。2020年，作为南头古城城市更新项目的一部分，制衣工厂的设计与改造不是将其粗暴地推倒重建，相反地是顺应建筑原本的状态和生长痕迹，在提升建筑性能的前提下进行可持续性的翻新。通过微小但谨慎的空间干预措施，连接起了这座工业建筑的历史与未来。

工厂历经多次改造，新旧痕迹斑驳地残留在建筑本体上。改造前的工厂处于闲置状态，内部基本被拆空，混凝土框架、建筑外墙和与其他零件便裸露了出来，整体呈现残破状态。通过重新梳理建筑空间结构，确认新的核心筒位置，对旧建筑进行简单的清洗和翻新，并对旧结构进行抗老化和加固处理，保护原有结构免受腐蚀。建筑主体的改造使用了新的透明涂料技术，这保留了建筑物的粗犷的工业历史痕迹，实现了可持续性和循环经济的原则，也为建筑物提供了干净纯粹的视觉体验。原本暴露的混凝土框架不再是残破的表现，而是建筑本身自带的最大特色，也是在城市更新环境语境下，对改造再利用的最佳诠释。建筑原开窗率较低，内部空间几乎密不透气，以控制外界因素对工业生产的影响；改造后，大量使用玻璃材质增加了建筑采光和通透性。从外部看，建筑不再是死气沉沉的老厂房；从内部看，办公室不再是暗沉沉的"生产车间"，而是带有自然光线的舒适宜人的文创办公空间。设计还将原有的建筑立面向内移动了 2.6m，从而形成了一个环绕整个建筑的外部环廊。这个做法一方面改变了建筑和外部空间的关系，让透明的室内空间避免阳光直射，因而更加舒适；另一方面这个外廊也是一个社交场所，丰富了人行动线，加强了入驻的各邻居之间的协作和交流，成为人与人拉近距离的一处空间。

制衣工厂目前入驻了一批与文创设计相关的上下游服务型企业以及复合文化艺术商业体验店，通过引入丰富多元的创意文化品牌和机构，制衣工厂将化身为南头古城最活跃的文化创意先锋地。制衣工厂作为南头古城改造工程中规模体量最大的建筑，是南头古城的重要文化象征，在承担和发扬南头古城文化性、教育性、社区性方面发挥了很重要的作用。

第三节　上海市长宁区新虹桥中心花园项目

上海市长宁区利用高架桥下空间，在延安西路与娄山关路交叉口改造了约 2 万 m^2 的公共空间。不仅公园入口从"九曲十八弯"变为开放式通道，还改造和新开辟了总计 6 片体育场，在 $3000m^2$ 的空间里打造了 4 个篮球场、2 个足球场，让这一桥下方寸之地变为以球类运动为主题的城市新空间。

经过近一年的方案论证、前期筹备和施工建设，长宁区新虹桥中心花园项目位于延安西路的入口已经焕然一新：原先人车混行的通道实现人车分流，行人出入更为安全；桥下停车场向东迁移约 150m，拓宽了公园入口，以适应更大的人流量；普通车辆和团队大巴都能在延安西路停靠，人们从虹桥开发区方向进入公园更加便捷。

洛克公园此次运营新虹桥中心花园的桥下篮球场，得出了几点经验：(1) 要避开任何跟原建筑有交集的结构；(2) 所有设置的灯光都要避开司机驾车的角度；(3) 所有设施的围网都要加高，预防正常运动状态下球类遗落到交通道路上；(4) 场地需要预设无人化管理设备，为将来 24h 开放随时做好准备。

近几年通过持续地改造更新，长宁区总结了桥下空间的两点转变。一是从暗淡的灰色向华丽的彩色转变，二是从单一功能向功能丰富的空间转变。此外，由于绿地、市政道班房等权属分属不同部门，一片看似"巴掌大"的桥下空间往往可能涉及多个使用单位，腾地时间长，改造前需要多部门进行协商，部门的配合才能使城市更新项目更加便捷。

第四节　浙江省杭州市滨江区缤纷完整社区更新项目

该项目位于杭州市滨江区西兴街道，辖区面积 46hm^2，涉及 3 个建制社区、5 个小区，5487 套住宅，20824 位居民，是滨江区最早的一批拆迁安置小区。2021 年初，全面启动完整社区建设，打破原建制社区边界，将 3 个社区按照统一规划、统一施工、统一运营的建设标准，整合服务资源，通过一体化运营模式实现可持续运营。主要做法有：

(1) 凝聚基层治理合力。成立缤纷社区联合党委，联合周边单位组建综合执法队伍和运营维护队伍，将原有 5 个小区内的物业公司及小区外的养护单位进行整合，采用统一招标方式，确定由一家企业统一提供服务。

(2) 统筹规划建设。将 3 个社区原有小散空间集中统筹，整合配套服务空间 1.17 万 m^2，打造以"邻聚里"为核心的缤纷会客厅、缤纷食堂等 9 大服务设施，形成高度集成的"5min、15min 生活服务圈"，提升公共服务设施利用率。同时，按照小区提升改造"综合改一次"目标，完成了小区内污水零直排、二次供水改造等项目，安装电动汽车充电桩 2241 个，加装电梯

165 套。

（3）存量资源变废为宝。充分挖掘利用居民身边的小空间，将各小区闲置、脏乱差、消防安全隐患积聚的 59 个一楼楼廊空间，通过居民"自治＋众筹"等方式，改建成邻里聚会、亲子阅读的温馨空间，将楼廊变废为宝。

（4）提升社区治理效能。打造高效服务的"一滨办"窗口，统筹服务辖区居民办理事项，提供全天候一站式社区服务。开发"缤纷一起乐"小程序，组织缤纷活动 600 余场，累计 13000 余人次参与。

第五节　福建省福州市中山街区城市更新项目

福建省福州市中山街区城市更新项目总投资 15.2 亿元，涉及 23 个单位、小区，惠及群众 8874 户、2.5 万人。

中山街区位于冶山历史风貌区保护范围内，是闽越文化重要发源地，见证了福州城 2200 多年的发展。福州市坚持"修旧如旧"原则，修复泉山仁寿堂、武氏民居等 6 处历史建筑，连接林则徐出生地、中山纪念堂等文物保护单位，建成冶山春秋园四方出入口、冶山遗址博物馆、唐代马球场考古遗址及"无诸开疆"浮雕景墙等场景，成为福州历史文化名城的又一张闪亮名片。开发有声智能体验应用场景，通过喜马拉雅有声文化新载体，植入闽都典故等 6000 余册有声读物，实现"一图一码一故事"，让群众体验跨越千年的历史穿越。

巧妙设计街头小公园和街头绿地 18 处，整合利用边角地、挡墙、居民阳台、店铺门口等，实施垂直绿化 400m^2，促进生态空间与人的活动空间自然融合。以茉莉花、茶花、桂花等为重点，合理搭配乔、灌、观叶植物百余种，营造四季有花、全年见绿的美丽景象。

依据"先民生后提升、先地下后地上、先功能后景观"原则，对 12 个老旧小区以"拆小院变大院"的手法进行资源整合，推动城市微更新，完善雨污管网、安防监控、公共照明等基础设施，道路白改黑及铺设石材 4.5 万 m^2，缆线下地 7000m，提升夜景灯光 451 处，拆除违章及不协调建筑 25 处，建成城市家具、雕塑小品及标识标牌 110 处。

在实施城市更新项目中，福州市努力实现"加、减、乘、除" 4 种转变：

"加"，即增加服务效能。福州市引入知名物业服务企业，统一承接片区内道路保洁、垃圾分类、绿化管养、公厕养护、市容维护、老旧小区管理等项目，实施"管家式"服务、全要素管理。创新推出"1 元服务"（即片区内的每户居民每天只需缴纳 1 元物业费，即可享受卫生保洁、绿化养护等服务），广受群众欢迎。目前居民满意度 95％以上，物业费收缴率从不足 40％提高到 85％以上。

"减"，即减少经费投入。老旧小区物业管理原来实行"多项目分包"，承接主体多，加上片区内独栋、零星老旧小区较多，经费投入较大。引入物业服务企业后，进行"一揽子总包"，管理机构和相关工作人员进一步精减，物业服务半径快速拓宽，物业管理密度得以提升，企业管理规模效益凸显，企业成本支出减少 150 万元。政府在相关市政项目及冶山历史风貌区管理上的经费支出也由原来的 700 万元减少至 400 万元。

"乘"，即倍乘治理效应。物业公司整合公共资源和闲置资源，拓展"长者食堂＋学堂"、家庭医生、养老托幼、物流零售、家政等增值服务，形成社区综合服务集群，以点带面对外辐射周边区域，带动片区内与片区周边社区服务提升，所获得的收益又将反哺片区建设，推动片区可持续发展。

"除"，即消除内部梗阻。过去公共区域的市容管理、环境卫生、停车秩序、绿化管护、市政设施管护等均有不同的管理主体，往往存在管理主体责任边界不明、推诿扯皮等问题。现在通过一家企业来实施管理后，物业企业专职日常作业，社区负责监督考核，相关部门提供执法支撑，协同作战，从体制机制上构建"大城管"格局。

福州市实施城市更新项目注重"四个创新":

(1)综合理念创新。福州市秉承系统集成、全域更新理念，明确"保护优先、有机更新、彰显特色、传承文化"的总体思路，从构建"完整街区"的角度，统筹推进业态、功能、文化、品质的综合提升。

(2)工作机制创新。福州市创新推出"古厝长制"和古厝保护志愿者服务机制，守护闽都文化的"根"与"魂"；首创"居民恳谈日""参与式预算"微实事协商等机制，发动社区群众共谋、共建、共管、共评、共享；创新"存量资源整合利用机制"，实现街区绿化、停车、文化等公共资源互补共享，为居民提供更优质的配套服务。

(3)智慧智能创新。福州市把中山街区改造作为国家智能社会治理综合实验基地建设的一大试点，引入未来社区、智慧小区概念，首创智慧社区平台、AI智慧导游系统，打造有声文化街区，布设1000多个物联感知设备，实现"智慧＋"生活的蝶变，让街区更聪明、更智慧。

(4)管理服务创新。福州市着力破解无物业老旧小区"无人管理、社区兜底"的问题，引入片区化物业管理理念，通过"一家物业、一揽总包、一元服务、一流管理"，实现集约化、扁平化运作，提升整个片区的物业服务水平。

第六节 江苏省南京市"南湖记忆"城市更新项目

作为南京市规划建设的第一个现代化小区，1985年竣工的"南湖新村"是当时省内规模最大的居住社区。同时，南湖地区也承载了知青返城的集体记忆，具有鲜明的时代特征。那个年代的时光，便是属于南湖的"独家记忆"。

"南湖记忆"城市更新项目由南京市城乡建设委员会牵头、建邺区实施。该项目通过老商品、老物件、老影像复刻20世纪

80年代的生活场景，并融入新理念、新手法、新元素，以新老碰撞的创意设计，营造摩登复古风潮，留住城市记忆，唤醒集体回忆。实施过程中，多次组织设计方案专家论证会，系统把控方案风格、空间尺度及设施合理性，并进一步加强工程质量和文明施工管理，督促参建单位广泛征求居民和商户的意见，合理优化设计和施工方案，尽量减少施工对周边居民生活的影响。

南湖东路的改造涉及30多家沿街商铺的门头店招更新，项目在保留现有建筑结构的基础上，通过设施嵌入、文化代入，采用"小规模、渐进式"的微更新手法，最大限度地保留这里独特的平民气质。

经过更新改造，500m长的南湖东路焕发新生，转型成为一条"烟火气"与"摩登范"完美融合的主题特色街巷。

曾经，南湖邮局位于南湖东路与文体路的交界处，如今这里设计了一座巨型邮筒，邮筒的上部嵌入电子屏，实时显示南湖新村建设至今的具体天数；下部设计成"沙漏"形状，每小时循环一次。通过两个维度的时间表现方式，展现南湖的时代变迁。

而在生活博物馆内，搪瓷茶缸、"联盟牌"冰棒、熊猫缝纫机、"大桥牌"自行车、手表和录音机等老物件，也勾起了上一代人的青春记忆。

此外，考虑周边居民的休闲需求，"南湖记忆"城市更新项目利用慢行空间打造时代影音展墙，采用超大卡带录音机演绎经典歌曲，在巨型老电视上循环播放《少林寺》《庐山恋》《牧马人》等20世纪80年代的热门影视作品，为周边居民打造茶余饭后的邻里社交空间。

街道另一头，同样有着30多年历史的胖子砂锅也在这次改造中换上了新装，红色陶瓷锦砖和镂空挡墙透露出浓浓的年代感。为了规范食客户外用餐秩序，挡墙一侧还增设了一排景观长凳，平时可供居民休憩，饭点时可供食客就座用餐。

　　华灯初上，南湖路与南湖东路口，林立的店招霓虹交映。经过创意设计改造，这里不再只有令人垂涎欲滴的美食，迷人夜色成为新的代名词。

　　"南湖记忆"的照片墙前，居民们围在一起欣赏讨论，回忆南湖新村建成之初的样子。在灯光的映衬下，每一处地标建筑的老照片，包括南湖游泳馆、快活林、南湖电影院等，都引发了人们的回忆共鸣。

　　而在多媒体互动展墙上，激光投影仪映射着关于南湖的文学作品，字里行间勾起人们的时代记忆。展墙采用了三维互动技术，用手触摸可以激发动画效果，小朋友们在这里玩得不亦乐乎。

　　下一步，南京市将以城市更新试点为契机，加快推动城市更新方案编制和项目落地，形成一批充满烟火气的网红打卡点，让城市的街道更美丽、更具品质，彰显南京建设社会主义现代化典范城市的独特魅力，实现"居者安、近者悦、远者来"。

附录

附录一：《中共中央办公厅 国务院办公厅关于持续推进城市更新行动的意见》

(2025 年 5 月 2 日)

实施城市更新行动，是推动城市高质量发展、不断满足人民美好生活需要的重要举措。为持续推进城市更新行动，经党中央、国务院同意，现提出如下意见。

一、总体要求

坚持以习近平新时代中国特色社会主义思想为指导，深入贯彻党的二十大和二十届二中、三中全会精神，全面贯彻习近平总书记关于城市工作的重要论述，坚持稳中求进工作总基调，转变城市开发建设方式，建立可持续的城市更新模式和政策法规，大力实施城市更新，促进城市结构优化、功能完善、文脉赓续、品质提升，打造宜居、韧性、智慧城市。

工作中要做到：坚持以人民为中心，全面践行人民城市理念，建设好房子、好小区、好社区、好城区；坚持系统观念，尊重城市发展规律，树立全周期管理意识，不断增强城市的系统性、整体性、协调性；坚持规划引领，发挥发展规划战略导向作用，强化国土空间规划基础作用，增强专项规划实施支撑作用；坚持统筹发展和安全，防范应对城市运行中的风险挑战，全面提高城市韧性；坚持保护第一、应保尽保、以用促保，在城市更新全过程、各环节加强城市文化遗产保护；坚持实事求是、因地制宜，尽力而为、量力而行，不搞劳民伤财的"面子工程""形象工程"。

主要目标是：到 2030 年，城市更新行动实施取得重要进展，城市更新体制机制不断完善，城市开发建设方式转型初见成效，安全发展基础更加牢固，服务效能不断提高，人居环境明显改善，经济业态更加丰富，文化遗产有效保护，风貌特色更加彰显，城市成为人民群众高品质生活的空间。

二、主要任务

（一）加强既有建筑改造利用。稳妥推进危险住房改造，加快拆除改造 D 级危险住房，通过加固、改建、重建等多种方式，积极稳妥实施国有土地上 C 级危险住房和国有企事业单位非成套住房改造。分类分批对存在抗震安全隐患且具备加固价值的城镇房屋进行抗震加固。涉及不可移动文物、历史建筑等保护对象的，按照相关法律法规予以维护和使用，"一屋一策"提出改造方案，严禁以危险住房名义违法违规拆除改造历史文化街区、传统村落、文物、历史建筑。持续推进既有居住建筑和公共建筑节能改造，加强建筑保温材料管理，鼓励居民开展城镇住房室内装修。加强老旧厂房、低效楼宇、传统商业设施等存量房屋改造利用，推动建筑功能转换和混合利用，根据建筑主导功能依法依规合理转换土地用途。

（二）推进城镇老旧小区整治改造。更新改造小区燃气等老化管线管道，整治楼栋内人行走道、排风烟道、通风井道等，全力消除安全隐患，支持有条件的楼栋加装电梯。整治小区及周边环境，完善小区停车、充电、消防、通信等配套基础设施，增设助餐、家政等公共服务设施。加强老旧小区改造质量安全监管，压实各参建单位责任。结合改造同步完善小区长效管理机制，注重引导居民参与和监督，共同维护改造成果。统筹实施老旧小区、危险住房改造，在挖掘文化遗产价值、保护传统风貌的基础上制定综合性保护、修缮、改造方案，持续提升老旧小区居住环境、设施条件、服务功能和文化价值。

（三）开展完整社区建设。完善社区基本公共服务设施、便民商业服务设施、公共活动场地等，建设安全健康、设施完善、管理有序的完整社区，构建城市一刻钟便民生活圈。开展城市社区嵌入式服务设施建设，因地制宜补齐公共服务设施短板，优化综合服务设施布局。引导居民、规划师、设计师等参与社区建设。

（四）推进老旧街区、老旧厂区、城中村等更新改造。推动老旧街区功能转换、业态升级、活力提升，因地制宜打造一批活力街区。改造提升商业步行街和旧商业街区，完善配套设施，优化交通组织，提升公共空间品质，丰富商业业态，创新消费场景，推动文旅产业赋能城市更新。鼓励以市场化方式推动老旧厂区更新改造，加强工业遗产保护利用，盘活利用闲置低效厂区、厂房和设施，植入新业态新功能。积极推进城中村改造，做好历史文化风貌保护前期工作，不搞大拆大建，"一村一策"采取拆除新建、整治提升、拆整结合等方式实施改造，切实消除安全风险隐患，改善居住条件和生活环境。加快实施群众改造意愿强烈、城市资金能平衡、征收补偿方案成熟的城中村改造项目。推动老旧火车站与周边老旧街区统筹实施更新改造。

（五）完善城市功能。建立健全多层级、全覆盖的公共服务网络，充分利用存量闲置房屋和低效用地，优先补齐民生领域公共服务设施短板，合理满足人民群众生活需求。积极稳步推进"平急两用"公共基础设施建设。完善城市医疗应急服务体系，加强临时安置、应急物资保障。推进适老化、适儿化改造，加快公共场所无障碍环境建设改造。增加普惠托育服务供给，发展兜底性、普惠型、多样化养老服务。因地制宜建设改造群众身边的全民健身场地设施。推动消费基础设施改造升级。积极拓展城市公共空间，科学布局新型公共文化空间。

（六）加强城市基础设施建设改造。全面排查城市基础设施风险隐患。推进地下空间统筹开发和综合利用。加快城市燃气、供水、排水、污水、供热等地下管线管网和地下综合管廊建设改造，完善建设运维长效管理制度。推动城市供水设施改造提标，加强城市生活污水收集、处理和再生利用及污泥处理处置设施建设改造，加快建立污水处理厂网一体建设运维机制。统筹城市防洪和内涝治理，建立健全城区水系、排水管网与周边江河湖海、水库等联排联调运行管理模式，加快排水防涝设施建设改造，构建完善的城市防洪排涝体系，提升应急处置能力。推动生活垃圾处理设施改造升级。加强公共消防设施建设，适度超前建设防灾工程。完善城市交通基础设施，发展快速干线交通、生活性集散交通和绿色慢行交通，加快建设停车设施。优化城市货运网络规划设计，健全分级配送设施体系。推进新型城市基础设施建设，深化建筑信息模型（BIM）技术应用，实施城市基础设施生命线安全工程建设。

（七）修复城市生态系统。坚持治山、治水、治城一体推进，建设连续完整的城市生态基础设施体系。加快修复受损山体和采煤沉陷区，消除安全隐患。推进海绵城市建设，保护修复城市湿地，巩固城市黑臭水体治理成效，推进城市水土保持和生态清洁小流域建设。加强建设用地土壤污染风险管控和修复，确保污染地块安全再利用。持续推进城市绿环绿廊绿楔绿道建设，提高乡土植物应用水平，保护城市生物多样性，增加群众身边的社区公园和口袋公园，推动公园绿地开放共享。

（八）保护传承城市历史文化。衔接全国文物普查，扎实开展城市文化遗产资源调查。落实"老城不能再拆"的要求，全面调查老城及其历史文化街区，摸清城镇老旧小区、老旧街区、老旧厂区文化遗产资源底数，划定最严格的保护范围。开展文化遗产影响评价，建立健全"先调查后建设""先考古后出让"的保护前置机制。加强老旧房屋拆除管理，不随意拆除具有保护价值的老建筑、古民居，禁止拆真建假。建立以居民为主体的保护实施机制，推进历史文化街区修复和不可移动文物、历史建筑修缮，探索合理利用文化遗产的方式路径。保护具有重要历史文化价值、体现中华历史文脉的地名，稳妥清理不规范地名。加强城市更新重点地区、重要地段风貌管控，严格管理超大体量公共建筑、超高层建筑。

三、加强支撑保障

（一）建立健全城市更新实施机制。创新完善以需求为导向、以项目为牵引的城市更新体制机制。全面开展城市体检评估，建立发现问题、解决问题、评估效果、巩固提升的工作路径。依据国土空间规划，结合城市体检评估结果，制定实施城市更新专项规划，确定城市更新行动目标、重点任务、建设项目和实施时序，建立完善"专项规划－片区策划－项目实施方案"的规划实施体系。强化城市设计对城市更新项目实施的引导作用，明确房屋、小区、社区、城区、城市等不同尺度的设计管理要求。不断完善适应城市更新的工程项目建设实施管理制度。

（二）完善用地政策。坚持"项目跟着规划走、土地要素跟着项目走"，加强用地保障，建立健全覆盖全域全类型、统一衔接的国土空间用途管制和规划许可制度，统筹好新增和存量建设用地，涉及国土空间规划调整的，按程序依法办理。推动土地混合开发利用和用途依法合理转换，明确用途转换和兼容使用的正面清单、负面清单和管控要求，完善用途转换过渡期政策。盘活利用存量低效用地，完善闲置土地使用权收回机制，优化零星用地集中改造、容积率转移或奖励政策。支持利用存量低效用地建设保障性住房、发展产业、完善公共服务设施。除国有土地使用权出让合同约定或者划拨用地决定书规定由政府收回土地使用权以及法律、行政法规禁止擅自转让的情形外，鼓励国有土地使用权人按程序自行或以转让、入股、联营等方式更新改造低效用地。优化地价计收规则。推进建设用地使用权在土地的地表、地上或者地下分别设立。完善城市更新相关的不动产登记制度。

（三）建立房屋使用全生命周期安全管理制度。落实房屋使用安全主体责任和监管责任，加强房屋安全日常巡查和安全体检，及时发现和处置安全隐患。探索以市场化手段创新房屋质量安全保障机制。完善住宅专项维修资金政策，推动建立完善既有房屋安全管理公共资金筹集、管理、使用模式。

（四）健全多元化投融资方式。加大中央预算内投资等支持力度，通过超长期特别国债对符合条件的项目给予支持。中央财政要支持实施城市更新行动。地方政府要加大财政投入，推进相关资金整合和统筹使用，在债务风险可控前提下，通过发行地方政府专项债券对符合条件的城市更新项目予以支持，严禁违法违规举债融资。落实城市更新相关税费减免政策。鼓励各类金融机构在依法合规、风险可控、商业可持续的前提下积极参与城市更新，强化信贷支持。完善市场化投融资模式，吸引社会资本参与城市更新，推动符合条件的项目发行基础设施领域不动产投资信托基金（REITs）、资产证券化产品、公司信用类债券等。

（五）建立政府引导、市场运作、公众参与的城市更新可持续模式。充分发挥街道社区作用，调动人民群众参与城市更新积极性。开展城市管理进社区工作。鼓励产权所有人自主更新，支持企业盘活闲置低效存量资产，更好发挥国有资本带动作用。引导经营主体参与，支持多领域专业力量和服务机构参与城市更新，健全专家参与公共决策制度。建立健全适应城市更新的建设、运营、治理体制机制。加强城市更新社会风险评估、矛盾化解处置机制建设。

（六）健全法规标准。加快推进城市更新相关立法工作，健全城市规划建设运营治理和房屋管理法律法规。完善适用于城市更新的技术标准，制定修订分类适用的消防、配套公共设施等标准。加强城市更新科技创新能力建设，大力研发新技术、新工艺、新材料，加快科技成果推广应用。

四、强化组织实施

在党中央集中统一领导下,各地区各有关部门要结合实际抓好本意见贯彻落实。省级党委和政府要确定本地区城市更新行动的目标任务,做好上下衔接。城市党委和政府要切实履行责任,构建市级统筹、部门联动、分级落实的工作格局,加强政策统筹,强化资金等保障,稳妥有序实施城市更新行动,力戒形式主义,杜绝搞"花架子"。住房城乡建设部要发挥牵头作用,会同相关部门加强统筹指导和协调支持,完善制度政策。支持地方因地制宜进行探索创新,建立健全可持续的城市更新机制。

附录二：《中共中央办公厅 国务院办公厅关于推进新型城市基础设施建设打造韧性城市的意见》

（2024 年 11 月 26 日）

为深化城市安全韧性提升行动，推进数字化、网络化、智能化新型城市基础设施建设，打造承受适应能力强、恢复速度快的韧性城市，增强城市风险防控和治理能力，经党中央、国务院同意，现提出如下意见。

一、总体要求

坚持以习近平新时代中国特色社会主义思想为指导，深入贯彻党的二十大和二十届二中、三中全会精神，全面落实习近平总书记关于城市工作的重要论述，坚持以人民为中心的发展思想，完整准确全面贯彻新发展理念，统筹高质量发展和高水平安全，坚持问题导向、系统观念，坚持政府引导、社会参与，坚持实事求是、因地制宜，坚持科技创新、数字赋能，推动新一代信息技术与城市基础设施建设深度融合，以信息平台建设为牵引，以智能设施建设为基础，以智慧应用场景为依托，推动城市基础设施数字化改造，构建智能高效的新型城市基础设施体系，持续提升城市设施韧性、管理韧性、空间韧性，推动城市安全发展。

主要目标是：到 2027 年，新型城市基础设施建设取得明显进展，对韧性城市建设的支撑作用不断增强，形成一批可复制可推广的经验做法。到 2030 年，新型城市基础设施建设取得显著成效，推动建成一批高水平韧性城市，城市安全韧性持续提升，城市运行更安全、更有序、更智慧、更高效。

二、重点任务

（一）实施智能化市政基础设施建设和改造。深入开展市政基础设施普查，建立设施信息动态更新机制，全面掌握现状底数和管养状况。编制智能化市政基础设施建设和改造行动计划，因地制宜对城镇供水、排水、供电、燃气、热力、消火栓（消防水鹤）、地下综合管廊等市政基础设施进行数字化改造升级和智能化管理。加快重点公共区域和道路视频监控等安防设备智能化改造。加快推进城市基础设施生命线工程建设，新建市政基础设施的物联设备应与主体设备同步设计、同步施工、同步验收、同步投入使用，老旧设施的智能化改造应区分重点、统筹推进，逐步实现对市政基础设施运行状况的实时监测、模拟仿真、情景构建、快速评估和大数据分析，提高安全隐患及时预警和事故应急处置能力，保障市政基础设施安全运行。建立涵盖管线类别齐全、基础数据准确、数据共享安全、数据价值发挥充分的地下管网"一张图"体系，打造地下管网规划、建设、运维、管理全流程的基础数据平台，实现地下管网建设运行可视化三维立体智慧管控。强化燃气泄漏智能化监控，严格落实管道安全监管巡查责任，切实提高燃气、供热安全管理水平。落实居民加压调蓄设施防淹和安全防护措施，加强水质监测，保障供水水质安全。加强对城市桥梁、隧道等设施的安全运行监测。统筹管网与水网、防洪与排涝，健全城区排涝通道、泵站、闸门、排水管网与周边江河湖海、水库等应急洪涝联排联调机制，推动地下设施、城市轨道交通及其连接通道等重点设施排水防涝能力提升，强化地下车库等防淹、防盗、防断电功能。

（二）推动智慧城市基础设施与智能网联汽车协同发展。以支撑智能网联汽车应用和改善城市出行为切入点，建设城市道路、建筑、公共设施融合感知体系。深入推进"第五代移动通信（5G）＋车联网"发展，逐步稳妥推广应用辅助驾驶、自动驾驶，加快布设城市道路基础设施智能感知系统，提升车路协同水平。推动智能网联汽车多场景应用，满足智能交通需求。加强城市物流配送设施的规划、建设、改造，建设集约、高效、智慧的绿色配送体系。加快完善应急物流体系，规划布局城市应急物资中转设施，提升应急状况下城市物资快速保障能力。加快停车设施智能化改造和建设。聚合智能网联汽车、智能道路、城市建筑等多类城市数据，为智能交通、智能停车、城市管理等提供支撑。

（三）发展智慧住区。支持有条件的住区结合完整社区建设，实施公共设施数字化、网络化、智能化改造与管理，提高智慧化安全防范、监测预警和应急处置能力。支持智能信包箱（快件箱）等自助服务终端在住区布局。鼓励对出入住区人员、车辆等进行智能服务和秩序维护。创新智慧物业服务模式，引导支持物业服务企业发展线上线下生活服务。实施城市社区嵌入式服务设施建设工程，提高居民服务便利性、可及性。发展智慧商圈。建立健全数字赋能、多方参与的住区安全治理体系，强化对小区电动自行车集中充电设施、住区消防车通道、安全疏散体系等隐患防治，提升城市住区韧性。

（四）提升房屋建筑管理智慧化水平。建立房屋使用全生命周期安全管理制度。依托第一次全国自然灾害综合风险普查数据和底图，全面动态掌握房屋建筑安全隐患底数，重点排查老旧住宅电梯、老旧房屋设施抗震性能、建筑消防设施、消防登高作业面和疏散通道等安全隐患，形成房屋建筑安全隐患数字档案。建立房屋建筑信息动态更新机制，强化数据共享，在城市建设、城市更新过程中同步更新房屋建筑的基础信息与安全隐患信息，逐步建立健全覆盖全面、功能完备、信息准确的城市房屋建筑综合管理平台。健全房屋建筑安全隐患消除机制，提高房屋建筑的抗震、防雷、防火性能，坚决遏制房屋安全事故发生。

（五）开展数字家庭建设。以住宅为载体，利用物联网、云计算、大数据、移动通信、人工智能等实现系统平台、家居产品互联互通，加快构建跨终端共享的统一操作系统生态，提升智能家居设备的适用性、安全性，满足居民用电用火用气用水安全、环境与健康监测等需求。加强智能信息综合布线，加大住宅信息基础设施规划建设投入力度，提升电力和信息网络连接能力，满足数字家庭系统需求。对新建全装修住宅，明确户内设置基本智能产品要求，鼓励预留居家异常行为监控、紧急呼叫、健康管理等智能产品的设置条件。新建住宅依照相关标准同步配建光纤到户和移动通信基础设施。鼓励既有住宅参照新建住宅设置智能产品，对传统家居产品进行电动化、数字化、网络化改造。在数字家庭建设中，要充分尊重居民个人意愿，加强数据安全和个人隐私保护。

（六）推动智能建造与建筑工业化协同发展。培育智能建造产业集群，打造全产业链融合一体的智能建造产业体系，推动建筑业工业化、数字化、绿色化转型升级。深化应用建筑信息模型（BIM）技术，提升建筑设计、施工、运营维护协同水平。大力发展数字设计、智能生产和智能施工，加快构建数字设计基础平台和集成系统。推动部品部件智能化生产与升级改造。推动自动化施工机械、建筑机器人、三维（3D）打印等相关设备集成与创新应用。推进智慧工地建设，强化信息技术与建筑施工管理深度融合，进一步提升安全监管效能。

（七）完善城市信息模型（CIM）平台。加强国土空间规划、城市建设、测绘遥感、城市运行管理等各有关行业、领域信息开放共享，汇聚基础地理、建筑物、基础设施等三维数据和各类城市运行管理数据，搭建城市三维空间数据模型，提高城市规划、建设、治理信息化水平。因地制宜推进城市信息模型平台应用，强化与其他基础时空平台的功能整合、协同发展，在政务服务、公共卫生、防灾减灾救灾、城市体检等领域丰富应用场景，开展城市综合风险评估，统筹利用地上地下空间，合理划定防灾避难空间，为科学确定不同风险区的发展策略和

121

风险防控要求提供支撑，提高城市空间韧性。

（八）搭建完善城市运行管理服务平台。加强对城市运行管理服务状况的实时监测、动态分析、统筹协调、指挥监督和综合评价，推进城市运行管理服务"一网统管"。加快构建国家、省、城市三级平台体系，加强与城市智能中枢等现有平台系统的有效衔接，实现信息共享、分级监管、协同联动。完善城市运行管理工作机制，加强城市运行管理服务平台与应急管理、工业和信息化、公安、自然资源、生态环境、交通运输、水利、商务、卫生健康、市场监管、气象、数据管理、消防救援、地震等部门城市运行数据的共享，增强城市运行安全风险监测预警能力。开展城市运行管理服务常态化综合评价，实现评价结果部门间共享。

（九）强化科技引领和人才培养。组织开展新型城市基础设施建设基础理论、关键技术与装备研究，加快突破城市级海量数据处理及存储、多源传感信息融合感知、建筑信息模型三维图形引擎、建筑机器人应用等一批关键技术。建立完善信息基础数据、智能道路基础设施、智能建造等技术体系，构建新型城市基础设施标准体系。依托高等学校、科研机构、骨干企业以及重大科研项目等，加大人才培养力度，注重培养具有新一代信息技术、工程建设、城市管理、城市安全等多学科知识的复合型创新人才。

（十）创新体制机制。创新管理手段、模式和理念，探索建立新型城市基础设施建设的运作机制和商业模式。创新完善投融资机制，拓宽投融资渠道，推动建立以政府投入为引导、企业投入为主体的多元化投融资体系。通过地方政府专项债券支持符合条件的新型城市基础设施建设项目，鼓励通过以奖代补等方式强化政策引导。按照风险可控、商业自主的原则，优化金融服务产品，鼓励金融机构以市场化方式增加中长期信贷投放，支持符合条件的项目发行基础设施领域不动产投资信托基金（REITs）。创新数据要素供给方式，细化城市地下管线等数据共享规定，探索建立支撑新型城市基础设施建设的数据共享、交换、协作和开放模式。加强数据资源跨地区、跨部门、跨层级共享利用，夯实城市建设运营治理数字化底座，充分依托底座开发业务应用，防止形成数据壁垒，避免开展重复建设。鼓励先行先试，积极探索创新，及时形成可复制可推广的经验做法。

（十一）保障网络和数据安全。严格落实网络和数据安全法律法规和政策标准，强化信息基础设施、传感设备和智慧应用安全管控，推进安全可控技术和产品应用，加强对重要数据资源的安全保障。强化网络枢纽、数据中心等信息基础设施抗毁韧性，建立健全网络和数据安全应急体系，加强网络和数据安全监测、通报预警和信息共享，全面提高新型城市基础设施安全风险抵御能力。

三、加强组织领导

在党中央集中统一领导下，各地区各部门要把党的领导贯彻到推进新型城市基础设施建设、打造韧性城市工作各方面全过程，结合实际抓好本意见贯彻落实，力戒形式主义。各有关部门要主动担当作为，加强改革创新，建立健全协同机制。住房城乡建设部要牵头加强指导和总结评估，及时协调解决突出问题。重大事项及时按程序向党中央、国务院请示报告。

附录三:《中共中央办公厅 国务院办公厅印发〈关于在城乡建设中加强历史文化保护传承的意见〉》

(2021 年 9 月 3 日)

在城乡建设中系统保护、利用、传承好历史文化遗产,对延续历史文脉、推动城乡建设高质量发展、坚定文化自信、建设社会主义文化强国具有重要意义。为进一步在城乡建设中加强历史文化保护传承,现提出如下意见。

一、总体要求

(一)指导思想

以习近平新时代中国特色社会主义思想为指导,深入贯彻党的十九大和十九届二中、三中、四中、五中全会精神,紧紧围绕统筹推进"五位一体"总体布局和协调推进"四个全面"战略布局,始终把保护放在第一位,以系统完整保护传承城乡历史文化遗产和全面真实讲好中国故事、中国共产党故事为目标,本着对历史负责、对人民负责的态度,加强制度顶层设计,建立分类科学、保护有力、管理有效的城乡历史文化保护传承体系;完善制度机制政策、统筹保护利用传承,做到空间全覆盖、要素全囊括,既要保护单体建筑,也要保护街巷街区、城镇格局,还要保护好历史地段、自然景观、人文环境和非物质文化遗产,着力解决城乡建设中历史文化遗产屡遭破坏、拆除等突出问题,确保各时期重要城乡历史文化遗产得到系统性保护,为建设社会主义文化强国提供有力保障。

(二)工作原则

——坚持统筹谋划、系统推进。坚持国家统筹、上下联动,充分发挥各级党委和政府在城乡历史文化保护传承中的组织领导和综合协调作用,统筹规划、建设、管理,加强监督检查和问责问效，促进历史文化保护传承与城乡建设融合发展，增强工作的整体性、系统性。

——坚持价值导向、应保尽保。以历史文化价值为导向，按照真实性、完整性的保护要求，适应活态遗产特点，全面保护好古代与近现代、城市与乡村、物质与非物质等历史文化遗产，在城乡建设中树立和突出各民族共享的中华文化符号和中华民族形象，弘扬和发展中华优秀传统文化、革命文化、社会主义先进文化。

——坚持合理利用、传承发展。坚持以人民为中心，坚持创造性转化、创新性发展，将保护传承工作融入经济社会发展、生态文明建设和现代生活，将历史文化与城乡发展相融合，发挥历史文化遗产的社会教育作用和使用价值，注重民生改善，不断满足人民日益增长的美好生活需要。

——坚持多方参与、形成合力。鼓励和引导社会力量广泛参与保护传承工作，充分发挥市场作用，激发人民群众参与的主动性、积极性，形成有利于城乡历史文化保护传承的体制机制和社会环境。

（三）主要目标

到2025年，多层级多要素的城乡历史文化保护传承体系初步构建，城乡历史文化遗产基本做到应保尽保，形成一批可复制可推广的活化利用经验，建设性破坏行为得到明显遏制，历史文化保护传承工作融入城乡建设的格局基本形成。

到2035年，系统完整的城乡历史文化保护传承体系全面建成，城乡历史文化遗产得到有效保护、充分利用，不敢破坏、不能破坏、不想破坏的体制机制全面建成，历史文化保护传承工作全面融入城乡建设和经济社会发展大局，人民群众文化自觉和文化自信进一步提升。

二、构建城乡历史文化保护传承体系

（四）准确把握保护传承体系基本内涵。城乡历史文化保护传承体系是以具有保护意义、承载不同历史时期文化价值的城市、村镇等复合型、活态遗产为主体和依托，保护对象主要包括历史文化名城、名镇、名村（传统村落）、街区和不可移动文物、历史建筑、历史地段，与工业遗产、农业文化遗产、灌溉工程遗产、非物质文化遗产、地名文化遗产等保护传承共同构成的有机整体。建立城乡历史文化保护传承体系的目的是在城乡建设中全面保护好中国古代、近现代历史文化遗产和当代重要建设成果，全方位展现中华民族悠久连续的文明历史、中国近现代历史进程、中国共产党团结带领中国人民不懈奋斗的光辉历程、中华人民共和国成立与发展历程、改革开放和社会主义现代化建设的伟大征程。

（五）分级落实保护传承体系重点任务。建立城乡历史文化保护传承体系三级管理体制。国家、省（自治区、直辖市）分别编制全国城乡历史文化保护传承体系规划纲要及省级规划，建立国家级、省级保护对象的保护名录和分布图，明确保护范围和管控要求，与相关规划做好衔接。市县按照国家和省（自治区、直辖市）要求，落实保护传承工作属地责任，加快认定公布市县级保护对象，及时对各类保护对象设立标志牌、开展数字化信息采集和测绘建档、编制专项保护方案，制定保护传承管理办法，做好保护传承工作。具有重要保护价值、地方长期未申报的历史文化资源可按相关标准列入保护名录。

三、加强保护利用传承

（六）明确保护重点。划定各类保护对象的保护范围和必要的建设控制地带，划定地下文物埋藏区，明确保护重点和保护要求。保护文物本体及其周边环境，大力实施原址保护，加强预防性保护、日常保养和保护修缮。保护不同时期、不同类型的历史建筑，重点保护体现其核心价值的外观、结构和构件等，及时加固修缮，消除安全隐患。保护能够真实反映一定历史时期传统风貌和民族、地方特色的历史地段。保护历史文化街区的历史肌理、历史街巷、空间尺度和景观环境，以及古井、古桥、古树等环境要素，整治不协调建筑和景观，延续历史风貌。保护历史文化名城、名镇、名村（传统村落）的传统格局、历史风貌、人文环境及其所依存的地形地貌、河湖水系等自然景观环境，注重整体保护，传承传统营建智慧。保护非物质文化遗产及其依存的文化生态，发挥非物质文化遗产的社会功能和当代价值。

（七）严格拆除管理。在城市更新中禁止大拆大建、拆真建假、以假乱真，不破坏地形地貌、不砍老树，不破坏传统风貌，不随意改变或侵占河湖水系，不随意更改老地名。切实保护能够体现城市特定发展阶段、反映重要历史事件、凝聚社会公众情感记忆的既有建筑，不随意拆除具有保护价值的老建筑、古民居。对于因公共利益需要或者存在安全隐患不得不拆除的，应进行评估论证，广泛听取相关部门和公众意见。

（八）推进活化利用。坚持以用促保，让历史文化遗产在有效利用中成为城市和乡村的特色标识和公众的时代记忆，让历史文化和现代生活融为一体，实现永续传承。加大文物开放力度，利用具备条件的文物建筑作为博物馆、陈列馆等公共文化设施。活化利用历史建筑、工业遗产，在保持原有外观风貌、典型构件的基础上，通过加建、改建和添加设施等方式适应现代生产生活需要。探索农业文化遗产、灌溉工程遗产保护与发展路径，促进生态农业、乡村旅游发展，推动乡村振兴。促进非物质文化遗产合理利用，推动非物质文化遗产融入现代生产生活。

（九）融入城乡建设。统筹城乡空间布局，妥善处理新城和老城关系，合理确定老城建设密度和强度，经科学论证后，逐步疏解与历史文化保护传承不相适应的工业、仓储物流、区域性批发市场等城市功能。按照留改拆并举、以保留保护为主的原则，实施城市生态修复和功能完善工程，稳妥推进城市更新。加强重点地段建设活动管控和建筑、雕塑设计引导，保护好传统文化基因，鼓励继承创新，彰显城市特色，避免"千城一面、万楼一貌"。依托历史文化街区和历史地段建设文化展示、传统居住、特色商业、休闲体验等特定功能区，完善城市功能，提升城市活力。采用"绣花""织补"等微改造方式，增加历史文化名城、名镇、名村（传统村落）、街区和历史地段的公共开放空间，补足配套基础设施和公共服务设施短板。加强多种形式应急力量建设，制定应急处置预案，综合运用人防、物防、技防等手段，提高历史文化名城、名镇、名村（传统村落）、街区和历史地段的防灾减灾救灾能力。统筹乡村建设与历史文化名镇、名村（传统村落）及历史地段、农业文化遗产、灌溉工程遗产的保护利用。

（十）弘扬历史文化。在保护基础上加强对各类历史文化遗产的研究阐释工作，多层次、全方位、持续性挖掘其历史故事、文化价值、精神内涵。分层次、分类别串联各类历史文化遗产，构建融入生产生活的历史文化展示线路、廊道和网络，处处见历史、处处显文化，在城乡建设中彰显城市精神和乡村文明，让广大人民群众在日用而不觉中接受文化熏陶。加大宣传推广力度，组织开展传统节庆活动、纪念活动、文化年等形式多样的文化主题活动，创新表达方式，以新闻报道、电视剧、电视节目、纪录片、动画片、短视频等多种形式充分展现中华文明的影响力、凝聚力和感召力。

四、建立健全工作机制

（十一）加强统筹协调。住房城乡建设、文物部门要履行好统筹协调职责，加强与宣传、发展改革、工业和信息化、民政、财政、自然资源、水利、农业农村、商务、文化和旅游、应急管理、林草等部门的沟通协商，强化城乡建设与各类历史文化遗产保护工作协同，加强制度、政策、标准的协调对接。加强跨区域、跨流域历史文化遗产的整体保护，结合国家文化公园建设保护等重点工作，积极融入国家重大区域发展战略。

（十二）健全管理机制。建立历史文化资源调查评估长效机制，持续开展调查、评估和认定工作，及时扩充保护对象，丰富保护名录。坚持基本建设考古前置制度，建立历史文化遗产保护提前介入城乡建设的工作机制。推进保护修缮的全过程管理，优化对各类保护对象实施保护、修缮、改造、迁移的审批管理，加强事中事后监管。探索活化利用底线管理模式，分类型、分地域建立项目准入正负面清单，定期评估，动态调整。建立全生命周期的建筑管理制度，结合工程建设项目审批制度改革，加强对既有建筑改建、拆除管理。

（十三）推动多方参与。鼓励各方主体在城乡历史文化保护传承的规划、建设、管理各环节发挥积极作用。明确所有权人、使用人和监管人的保护责任，严格落实保护管理要求。简化审批手续，制定优惠政策，稳定市场预期，鼓励市场主体持续投入历史文化保护传承工作。

（十四）强化奖励激励。鼓励地方政府研究制定奖补政策，通过以奖代补、资金补助等方式支持城乡历史文化保护传承工作。开展绩效跟踪评价，及时总结各地保护传承工作中的好经验好做法，对保护传承工作成效显著、群众普遍反映良好的，予以宣传推广。对在保护传承工作中作出突出贡献的组织和个人，按照国家有关规定予以表彰、奖励。

（十五）加强监督检查。建立城乡历史文化保护传承日常巡查管理制度，市县根据当地实际情况将巡查工作纳入社区网格化管理、城市管理综合执法等范畴。建立城乡历史文化保护传承评估机制，定期评估保护传承工作情况、保护对象的保护状况。健全监督检查机制，严格依法行政，加强执法检查，及时发现并制止各类违法破坏行为。国家相关主管部门及时开展抽查检查。鼓励公民、法人和其他组织举报涉及历史文化保护传承的违法违规行为。加强对城乡历史文化遗产数据的整合共享，提升监测管理水平，逐步实现国家、省（自治区、直辖市）、市县三级互联互通的动态监管。

（十六）强化考核问责。将历史文化保护传承工作纳入全国文明城市测评体系。强化对领导干部履行历史文化保护传承工作中经济责任情况的审计监督，审计结果以及整改情况作为考核、任免、奖惩被审计领导干部的重要参考。对列入保护名录但因保护不力造成历史文化价值受到严重影响的历史文化名城、名镇、名村（传统村落）、街区和历史建筑、历史地段，列入濒危名单，限期进行整改，整改不合格的退出保护名录。对不尽责履职、保护不力，造成已列入保护名录的保护对象或应列入保护名录而未列入的历史文化资源的历史文化价值受到严重破坏的，依规依纪依法对相关责任人和责任单位作出处理。加大城乡历史文化保护传承的公益诉讼力度。

五、完善保障措施

（十七）坚持和加强党的全面领导。各级党委和政府要深刻认识在城乡建设中加强历史文化保护传承的重要意义，始终把党的领导贯穿保护传承工作的各方面各环节，确保党中央、国务院有关决策部署落到实处。

（十八）完善法律法规。修改《历史文化名城名镇名村保护条例》，加强与文物保护法等法律法规的衔接，制定修改相关地方性法规，为做好城乡历史文化保护传承工作提供法治保障。

（十九）加大资金投入。健全城乡历史文化保护传承工作的财政保障机制，中央和地方财政要依据各级事权做好资金保障。地方政府要将保护资金列入本级财政预算，重点支持国家级、省级重大项目和革命老区、民族地区、边疆地区、脱贫地区的历史文化保护传承工作。鼓励按照市场化原则加大金融支持力度，拓展资金渠道。

（二十）加强教育培训。在各级党校（行政学院）、干部学院相关班次中增加培训课程，提高领导干部在城乡建设中保护传承历史文化的意识和能力。围绕典型违法案例开展领导干部专项警示教育。加强高等学校、职业学校相关学科专业建设。加强专业人才队伍建设，建设城乡历史文化保护传承国家智库。开展技术人员和基层管理人员的专业培训，建立健全修缮技艺传承人和工匠的培训、评价机制，弘扬工匠精神。

附录四：《国务院办公厅关于全面推进城镇
老旧小区改造工作的指导意见》

（国办发〔2020〕23 号）

各省、自治区、直辖市人民政府，国务院各部委、各直属机构：

城镇老旧小区改造是重大民生工程和发展工程，对满足人民群众美好生活需要、推动惠民生扩内需、推进城市更新和开发建设方式转型、促进经济高质量发展具有十分重要的意义。为全面推进城镇老旧小区改造工作，经国务院同意，现提出以下意见：

一、总体要求

（一）指导思想。以习近平新时代中国特色社会主义思想为指导，全面贯彻党的十九大和十九届二中、三中、四中全会精神，按照党中央、国务院决策部署，坚持以人民为中心的发展思想，坚持新发展理念，按照高质量发展要求，大力改造提升城镇老旧小区，改善居民居住条件，推动构建"纵向到底、横向到边、共建共治共享"的社区治理体系，让人民群众生活更方便、更舒心、更美好。

（二）基本原则。

——坚持以人为本，把握改造重点。从人民群众最关心最直接最现实的利益问题出发，征求居民意见并合理确定改造内容，重点改造完善小区配套和市政基础设施，提升社区养老、托育、医疗等公共服务水平，推动建设安全健康、设施完善、管理有序的完整居住社区。

——坚持因地制宜，做到精准施策。科学确定改造目标，既尽力而为又量力而行，不搞"一刀切"、不层层下指标；合理制定改造方案，体现小区特点，杜绝政绩工程、形象工程。

——坚持居民自愿，调动各方参与。广泛开展"美好环境与幸福生活共同缔造"活动，激发居民参与改造的主动性、积极性，充分调动小区关联单位和社会力量支持、参与改造，实现决策共谋、发展共建、建设共管、效果共评、成果共享。

——坚持保护优先，注重历史传承。兼顾完善功能和传承历史，落实历史建筑保护修缮要求，保护历史文化街区，在改善居住条件、提高环境品质的同时，展现城市特色，延续历史文脉。

——坚持建管并重，加强长效管理。以加强基层党建为引领，将社区治理能力建设融入改造过程，促进小区治理模式创新，推动社会治理和服务重心向基层下移，完善小区长效管理机制。

（三）工作目标。2020 年新开工改造城镇老旧小区 3.9 万个，涉及居民近 700 万户；到 2022 年，基本形成城镇老旧小区改造制度框架、政策体系和工作机制；到"十四五"期末，结合各地实际，力争基本完成 2000 年底前建成的需改造城镇老旧小区改造任务。

二、明确改造任务

（一）明确改造对象范围。城镇老旧小区是指城市或县城（城关镇）建成年代较早、失养失修失管、市政配套设施不完善、社区服务设施不健全、居民改造意愿强烈的住宅小区（含单栋住宅楼）。各地要结合实际，合理界定本地区改造对象范围，重点改造 2000 年底前建成的老旧小区。

（二）合理确定改造内容。城镇老旧小区改造内容可分为基础类、完善类、提升类 3 类。

1. 基础类。为满足居民安全需要和基本生活需求的内容，主要是市政配套基础设施改造提升以及小区内建筑物屋面、外墙、楼梯等公共部位维修等。其中，改造提升市政配套基础设施包括改造提升小区内部及与小区联系的供水、排水、供电、弱电、道路、供气、供热、消防、安防、生活垃圾分类、移动通信等基础设施，以及光纤入户、架空线规整（入地）等。

2. 完善类。为满足居民生活便利需要和改善型生活需求的内容，主要是环境及配套设施改造建设、小区内建筑节能改造、有条件的楼栋加装电梯等。其中，改造建设环境及配套设施包括拆除违法建设，整治小区及周边绿化、照明等环境，改造或建设小区及周边适老设施、无障碍设施、停车库（场）、电动自行车及汽车充电设施、智能快件箱、智能信包箱、文化休闲设施、体育健身设施、物业用房等配套设施。

3. 提升类。为丰富社区服务供给、提升居民生活品质、立足小区及周边实际条件积极推进的内容，主要是公共服务设施配套建设及其智慧化改造，包括改造或建设小区及周边的社区综合服务设施、卫生服务站等公共卫生设施、幼儿园等教育设施、周界防护等智能感知设施，以及养老、托育、助餐、家政保洁、便民市场、便利店、邮政快递末端综合服务站等社区专项服务设施。

各地可因地制宜确定改造内容清单、标准和支持政策。

（三）编制专项改造规划和计划。各地要进一步摸清既有城镇老旧小区底数，建立项目储备库。区分轻重缓急，切实评估财政承受能力，科学编制城镇老旧小区改造规划和年度改造计划，不得盲目举债铺摊子。建立激励机制，优先对居民改造意愿强、参与积极性高的小区（包括移交政府安置的军队离退休干部住宅小区）实施改造。养老、文化、教育、卫生、托育、体育、邮政快递、社会治安等有关方面涉及城镇老旧小区的各类设施增设或改造计划，以及电力、通信、供水、排水、供气、供热等专业经营单位的相关管线改造计划，应主动与城镇老旧小区改造规划和计划有效对接，同步推进实施。国有企事业单位、军队所属城镇老旧小区按属地原则纳入地方改造规划和计划统一组织实施。

三、建立健全组织实施机制

（一）建立统筹协调机制。各地要建立健全政府统筹、条块协作、各部门齐抓共管的专门工作机制，明确各有关部门、单位和街道（镇）、社区职责分工，制定工作规则、责任清单和议事规程，形成工作合力，共同破解难题，统筹推进城镇老旧小区改造工作。

（二）健全动员居民参与机制。城镇老旧小区改造要与加强基层党组织建设、居民自治机制建设、社区服务体系建设有机结合。建立和完善党建引领城市基层治理机制，充分发挥社区党组织的领导作用，统筹协调社区居民委员会、业主委员会、产权单位、物业服务企业等共同推进改造。搭建沟通议事平台，利用"互联网＋共建共治共享"等线上线下手段，开展小区党组织引领的多种形式基层协商，主动了解居民诉求，促进居民形成共识，发动居民积极参与改造方案制定、配合施工、参与监督和后续管理、评价和反馈小区改造效果等。组织引导社区内机关、企事业单位积极参与改造。

（三）建立改造项目推进机制。区县人民政府要明确项目实施主体，健全项目管理机制，推进项目有序实施。积极推动设计师、工程师进社区，辅导居民有效参与改造。为专业经营单位的工程实施提供支持便利，禁止收取不合理费用。鼓励选用经济适用、绿色环保的技术、工艺、材料、产品。改造项目涉及历史文化街区、历史建筑的，应严格落实相关保护修缮要求。落实施工安全和工程质量责任，组织做好工程验收移交，杜绝安全隐患。充分发挥社会监督作用，畅通投诉举报渠道。结合城镇老旧小区改造，同步开展绿色社区创建。

（四）完善小区长效管理机制。结合改造工作同步建立健全基层党组织领导，社区居民委员会配合，业主委员会、物业服务企业等参与的联席会议机制，引导居民协商确定改造后小区的管理模式、管理规约及业主议事规则，共同维护改造成果。

建立健全城镇老旧小区住宅专项维修资金归集、使用、续筹机制，促进小区改造后维护更新进入良性轨道。

四、建立改造资金政府与居民、社会力量合理共担机制

（一）合理落实居民出资责任。按照谁受益、谁出资原则，积极推动居民出资参与改造，可通过直接出资、使用（补建、续筹）住宅专项维修资金、让渡小区公共收益等方式落实。研究住宅专项维修资金用于城镇老旧小区改造的办法。支持小区居民提取住房公积金，用于加装电梯等自住住房改造。鼓励居民通过捐资捐物、投工投劳等支持改造。鼓励有需要的居民结合小区改造进行户内改造或装饰装修、家电更新。

（二）加大政府支持力度。将城镇老旧小区改造纳入保障性安居工程，中央给予资金补助，按照"保基本"的原则，重点支持基础类改造内容。中央财政资金重点支持改造 2000 年底前建成的老旧小区，可以适当支持 2000 年后建成的老旧小区，但需要限定年限和比例。省级人民政府要相应做好资金支持。市县人民政府对城镇老旧小区改造给予资金支持，可以纳入国有住房出售收入存量资金使用范围；要统筹涉及住宅小区的各类资金用于城镇老旧小区改造，提高资金使用效率。支持各地通过发行地方政府专项债券筹措改造资金。

（三）持续提升金融服务力度和质效。支持城镇老旧小区改造规模化实施运营主体采取市场化方式，运用公司信用类债券、项目收益票据等进行债券融资，但不得承担政府融资职能，杜绝新增地方政府隐性债务。国家开发银行、农业发展银行结合各自职能定位和业务范围，按照市场化、法治化原则，依法合规加大对城镇老旧小区改造的信贷支持力度。商业银行加大产品和服务创新力度，在风险可控、商业可持续前提下，依法合规对实施城镇老旧小区改造的企业和项目提供信贷支持。

（四）推动社会力量参与。鼓励原产权单位对已移交地方的原职工住宅小区改造给予资金等支持。公房产权单位应出资参

与改造。引导专业经营单位履行社会责任，出资参与小区改造中相关管线设施设备的改造提升；改造后专营设施设备的产权可依照法定程序移交给专业经营单位，由其负责后续维护管理。通过政府采购、新增设施有偿使用、落实资产权益等方式，吸引各类专业机构等社会力量投资参与各类需改造设施的设计、改造、运营。支持规范各类企业以政府和社会资本合作模式参与改造。支持以"平台＋创业单元"方式发展养老、托育、家政等社区服务新业态。

（五）落实税费减免政策。专业经营单位参与政府统一组织的城镇老旧小区改造，对其取得所有权的设施设备等配套资产改造所发生的费用，可以作为该设施设备的计税基础，按规定计提折旧并在企业所得税前扣除；所发生的维护管理费用，可按规定计入企业当期费用税前扣除。在城镇老旧小区改造中，为社区提供养老、托育、家政等服务的机构，提供养老、托育、家政服务取得的收入免征增值税，并减按 90％计入所得税应纳税所得额；用于提供社区养老、托育、家政服务的房产、土地，可按现行规定免征契税、房产税、城镇土地使用税和城市基础设施配套费、不动产登记费等。

五、完善配套政策

（一）加快改造项目审批。各地要结合审批制度改革，精简城镇老旧小区改造工程审批事项和环节，构建快速审批流程，积极推行网上审批，提高项目审批效率。可由市县人民政府组织有关部门联合审查改造方案，认可后由相关部门直接办理立项、用地、规划审批。不涉及土地权属变化的项目，可用已有用地手续等材料作为土地证明文件，无需再办理用地手续。探索将工程建设许可和施工许可合并为一个阶段，简化相关审批手续。不涉及建筑主体结构变动的低风险项目，实行项目建设单位告知承诺制的，可不进行施工图审查。鼓励相关各方进行联合验收。

（二）完善适应改造需要的标准体系。各地要抓紧制定本地区城镇老旧小区改造技术规范，明确智能安防建设要求，鼓励综合运用物防、技防、人防等措施满足安全需要。及时推广应用新技术、新产品、新方法。因改造利用公共空间新建、改建各类设施涉及影响日照间距、占用绿化空间的，可在广泛征求居民意见基础上一事一议予以解决。

（三）建立存量资源整合利用机制。各地要合理拓展改造实施单元，推进相邻小区及周边地区联动改造，加强服务设施、公共空间共建共享。加强既有用地集约混合利用，在不违反规划且征得居民等同意的前提下，允许利用小区及周边存量土地建设各类环境及配套设施和公共服务设施。其中，对利用小区内空地、荒地、绿地及拆除违法建设腾空土地等加装电梯和建设各类设施的，可不增收土地价款。整合社区服务投入和资源，通过统筹利用公有住房、社区居民委员会办公用房和社区综合服务设施、闲置锅炉房等存量房屋资源，增设各类服务设施，有条件的地方可通过租赁住宅楼底层商业用房等其他符合条件的房屋发展社区服务。

（四）明确土地支持政策。城镇老旧小区改造涉及利用闲置用房等存量房屋建设各类公共服务设施的，可在一定年期内暂不办理变更用地主体和土地使用性质的手续。增设服务设施需要办理不动产登记的，不动产登记机构应依法积极予以办理。

六、强化组织保障

（一）明确部门职责。住房城乡建设部要切实担负城镇老旧小区改造工作的组织协调和督促指导责任。各有关部门要加强政策协调、工作衔接、调研督导，及时发现新情况新问题，完善相关政策措施。研究对城镇老旧小区改造工作成效显著的地区给予有关激励政策。

（二）落实地方责任。省级人民政府对本地区城镇老旧小区改造工作负总责，要加强统筹指导，明确市县人民政府责任，确保工作有序推进。市县人民政府要落实主体责任，主要负责同志亲自抓，把推进城镇老旧小区改造摆上重要议事日程，以人民群众满意度和受益程度、改造质量和财政资金使用效率为衡量标准，调动各方面资源抓好组织实施，健全工作机制，落实好各项配套支持政策。

（三）做好宣传引导。加大对优秀项目、典型案例的宣传力度，提高社会各界对城镇老旧小区改造的认识，着力引导群众转变观念，变"要我改"为"我要改"，形成社会各界支持、群众积极参与的浓厚氛围。要准确解读城镇老旧小区改造政策措施，及时回应社会关切。

国务院办公厅

2020 年 7 月 10 日

附录五:《国务院办公厅关于印发城市燃气管道等老化更新改造实施方案(2022—2025年)的通知》

(国办发〔2022〕22号)

各省、自治区、直辖市人民政府,国务院各部委、各直属机构:

《城市燃气管道等老化更新改造实施方案(2022—2025年)》已经国务院同意,现印发给你们,请结合实际认真贯彻落实。

国务院办公厅
2022年5月10日

城市燃气管道等老化更新改造实施方案

(2022—2025年)

城市(含县城,下同)燃气管道等老化更新改造是重要民生工程和发展工程,有利于维护人民群众生命财产安全,有利于维护城市安全运行,有利于促进有效投资、扩大国内需求,对推动城市更新、满足人民群众美好生活需要具有十分重要的意义。为加快城市燃气管道等老化更新改造,制定本方案。

一、总体要求

(一)指导思想。以习近平新时代中国特色社会主义思想为指导,全面贯彻党的十九大和十九届历次全会精神,按照党中央、国务院决策部署,坚持以人民为中心的发展思想,完整、准确、全面贯彻新发展理念,统筹发展和安全,坚持适度超前进行基础设施建设和老化更新改造,加快推进城市燃气管道等老化更新改造,加强市政基础设施体系化建设,保障安全运行,提升城市安全韧性,促进城市高质量发展,让人民群众生活更安全、更舒心、更美好。

（二）工作原则。

——聚焦重点、安全第一。以人为本，从保障人民群众生命财产安全出发，加快更新改造城市燃气等老化管道和设施；聚焦重点，排查治理城市管道安全隐患，立即改造存在安全隐患的城市燃气管道等，促进市政基础设施安全可持续发展。

——摸清底数、系统治理。全面普查、科学评估，抓紧编制各地方城市燃气管道等老化更新改造方案；坚持目标导向、问题导向，积极运用新设备、新技术、新工艺，系统开展城市燃气管道等老化更新改造。

——因地制宜、统筹施策。从各地实际出发，科学确定更新改造范围和标准，明确目标和任务，不搞"一刀切"，不层层下指标，避免"运动式"更新改造；将城市作为有机生命体，统筹推进城市燃气管道等老化更新改造与市政建设，避免"马路拉链"。

——建管并重、长效管理。严格落实各方责任，加强普查评估和更新改造全过程管理，确保质量和安全；坚持标本兼治，完善管理制度规范，加强城市燃气管道等运维养护，健全安全管理长效机制。

（三）工作目标。在全面摸清城市燃气、供水、排水、供热等管道老化更新改造底数的基础上，马上规划部署，抓紧健全适应更新改造需要的政策体系和工作机制，加快开展城市燃气管道等老化更新改造工作，彻底消除安全隐患。2022 年抓紧启动实施一批老化更新改造项目。2025 年底前，基本完成城市燃气管道等老化更新改造任务。

二、明确任务

（一）明确更新改造对象范围。城市燃气管道等老化更新改造对象，应为材质落后、使用年限较长、运行环境存在安全隐患、不符合相关标准规范的城市燃气、供水、排水、供热等老化管道和设施。具体包括：

1. 燃气管道和设施。(1) 市政管道与庭院管道。全部灰口铸铁管道；不满足安全运行要求的球墨铸铁管道；运行年限满20年，经评估存在安全隐患的钢质管道、聚乙烯（PE）管道；运行年限不足20年，存在安全隐患，经评估无法通过落实管控措施保障安全的钢质管道、聚乙烯（PE）管道；存在被建构筑物占压等风险的管道。(2) 立管（含引入管、水平干管）。运行年限满20年，经评估存在安全隐患的立管；运行年限不足20年，存在安全隐患，经评估无法通过落实管控措施保障安全的立管。(3) 厂站和设施。存在超设计运行年限、安全间距不足、临近人员密集区域、地质灾害风险隐患大等问题，经评估不满足安全运行要求的厂站和设施。(4) 用户设施。居民用户的橡胶软管、需加装的安全装置等；工商业等用户存在安全隐患的管道和设施。

2. 其他管道和设施。(1) 供水管道和设施。水泥管道、石棉管道、无防腐内衬的灰口铸铁管道；运行年限满30年，存在安全隐患的其他管道；存在安全隐患的二次供水设施。(2) 排水管道。平口混凝土、无钢筋的素混凝土管道，存在混错接等问题的管道，运行年限满50年的其他管道。(3) 供热管道。运行年限满20年的管道，存在泄漏隐患、热损失大等问题的其他管道。

各地可结合实际进一步细化更新改造对象范围。基础条件较好的地区可适当提高更新改造要求。

（二）合理确定更新改造标准。各地要根据本地实际，立足全面解决安全隐患、防范化解风险，坚持保障安全、满足需求，科学确定更新改造标准。城市燃气老化管道和设施更新改造所选用材料、规格、技术等应符合相关规范标准要求，注重立足当前兼顾长远。结合更新改造同步在燃气管道重要节点安装智能化感知设备，完善智能监控系统，实现智慧运行，完善消防设施设备，增强防范火灾等事故能力。城市供水、排水、供热等其他管道和设施老化更新改造标准，参照以上原则确定。

（三）组织开展城市燃气等管道和设施普查。城市政府统筹开展城市燃气管道普查，并组织符合规定要求的第三方检测评估机构和专业经营单位进行评估。充分利用城市信息模型（CIM）平台、地下管线普查及城市级实景三维建设成果等既有资料，运用调查、探测等多种手段，全面摸清城市燃气管道和设施种类、权属、构成、规模，摸清位置关系、运行安全状况等信息，掌握周边水文、地质等外部环境，明确老旧管道和设施底数，建立更新改造台账。同步推进城市供水、排水、供热等其他管道和设施普查，建立和完善城市市政基础设施综合管理信息平台，充实城市燃气管道等基础信息数据，完善平台信息动态更新机制，实时更新信息底图。

（四）编制地方城市燃气管道等老化更新改造方案。结合全国城镇燃气安全排查整治工作，省级政府要督促省级和城市（县）行业主管部门分别牵头组织编制本省份和本城市燃气管道老化更新改造方案。各城市（县）应区分轻重缓急，优先对安全隐患突出的管道和设施实施改造，明确项目清单和分年度改造计划并作为更新改造方案的附件。城市燃气管道等老化更新改造纳入国家"十四五"重大工程，各地要同步纳入本地区"十四五"重大工程，并纳入国家重大建设项目库。

省级政府要督促省级和城市（县）行业主管部门同步组织编制本省份和本城市供水、排水、供热等其他管道老化更新改造方案，明确项目清单和分年度改造计划并作为更新改造方案的附件，主动与城市燃气管道老化更新改造方案有效对接、同步推进实施，促进城市地下设施之间竖向分层布局、横向紧密衔接。

三、加快组织实施

（一）加强统筹协调。压实城市（县）政府责任，建立健全政府统筹、专业经营单位实施、有关各方齐抓共管的城市燃气管道等老化更新改造工作机制，明确各有关部门、街道（城关镇）、社区和专业经营单位责任分工，形成工作合力，及时破解难题。充分发挥街道和社区党组织的领导作用，统筹协调社区居民委员会、业主委员会、产权单位、物业服务企业、用户等，搭建沟通议事平台，共同推进城市燃气管道等老化更新改造工作。

（二）加快推进项目实施。专业经营单位切实承担主体责任，抓紧实施城市燃气管道等老化更新改造项目，有序安排施工区域、时序、工期，减少交通阻断。城市（县）政府切实履行属地责任，加强管理和监督，明确不同权属类型老化管道和设施更新改造实施主体，做好与城镇老旧小区改造、汛期防洪排涝等工作的衔接，推进相关消防设施设备补短板，推动城市燃气管道等分片区统筹改造、同步施工并做好废弃管道处置和资源化利用，避免改造工程碎片化、重复开挖、"马路拉链"、多次扰民等。严格落实工程质量和施工安全责任，杜绝质量安全隐患，按规定做好改造后通气、通水等关键环节安全监控，做好工程验收移交。依法实施燃气压力管道施工告知和监督检验。

（三）同步推进数字化、网络化、智能化建设。结合更新改造工作，完善燃气监管系统，将城市燃气管道老化更新改造信息及时纳入，实现城市燃气管道和设施动态监管、互联互通、数据共享。有条件的地方可将燃气监管系统与城市市政基础设施综合管理信息平台、城市信息模型（CIM）平台等深度融合，与国土空间基础信息平台、城市安全风险监测预警平台充分衔接，提高城市管道和设施的运行效率及安全性能，促进对管网漏损、运行安全及周边重要密闭空间等的在线监测、及时预警和应急处置。

（四）加强管道和设施运维养护。严格落实专业经营单位运维养护主体责任和城市（县）政府监管责任。专业经营单位要加强运维养护能力建设，完善资金投入机制，定期开展检查、巡查、检测、维护，依法组织燃气压力管道定期检验，及时发现和消除安全隐患，防止管道和设施带病运行；健全应急抢险机制，提升迅速高效处置突发事件能力。鼓励专业经营单位承接非居民用户所拥有燃气等管道和设施的运维管理。对于业主共有燃气等管道和设施，更新改造后可依法移交给专业经营单位，由其负责后续运营维护和更新改造。

四、加大政策支持力度

（一）落实专业经营单位出资责任，建立资金合理共担机制。专业经营单位要依法履行对其服务范围内城市燃气管道等老化更新改造的出资责任。建立城市燃气管道等老化更新改造资金由专业经营单位、政府、用户合理共担机制。中央预算内投资和地方财政资金可给予适当补助。工商业等用户承担业主专有部分城市燃气管道等老化更新改造的出资责任。

（二）加大财政资金支持力度。省、市、县各级财政要按照尽力而为、量力而行的原则，落实出资责任，加大城市燃气管道等老化更新改造投入。将符合条件的城市燃气管道等老化更新改造项目纳入地方政府专项债券支持范围，不得违规举债融资用于城市燃气管道等老化更新改造，坚决遏制新增地方政府隐性债务。中央预算内投资视情对城市燃气管道等老化更新改造给予适当投资补助。

（三）加大融资保障力度。鼓励商业银行在风险可控、商业可持续前提下，依法合规加大对城市燃气管道等老化更新改造项目的信贷支持；引导开发性、政策性金融机构根据各自职能定位和业务范围，按照市场化、法治化原则，依法合规加大对城市燃气管道等老化更新改造项目的信贷支持力度。支持专业经营单位采取市场化方式，运用公司信用类债券、项目收益票据进行债券融资。优先支持符合条件、已完成更新改造任务的城市燃气管道等项目申报基础设施领域不动产投资信托基金（REITs）试点项目。

（四）落实税费减免政策。对城市燃气管道等老化更新改造

145

涉及的道路开挖修复、园林绿地补偿等收费事项，各地应按照"成本补偿"原则做好统筹。更新改造后交由专业经营单位负责运营维护的业主共有燃气等管道和设施，移交之后所发生的维护管理费用，专业经营单位可按照规定进行税前扣除。

五、完善配套措施

（一）加快项目审批。各地要精简城市燃气管道等老化更新改造涉及的审批事项和环节，建立健全快速审批机制。可由城市（县）政府组织有关部门联合审查更新改造方案，认可后由相关部门依法直接办理相关审批手续。鼓励相关各方进行一次性联合验收。鼓励并加快核准规模较大、监管体系健全的燃气企业对燃气管道和设施进行检验检测。

（二）切实做好价格管理工作。城市燃气、供水、供热管道老化更新改造投资、维修以及安全生产费用等，根据政府制定价格成本监审办法有关规定核定，相关成本费用计入定价成本。在成本监审基础上，综合考虑当地经济发展水平和用户承受能力等因素，按照相关规定适时适当调整供气、供水、供热价格；对应调未调产生的收入差额，可分摊到未来监管周期进行补偿。

（三）加强技术标准支撑。推广应用新设备、新技术、新工艺，从源头提升管道和设施本质安全以及信息化、智能化建设运行水平。加快修订城镇燃气设施运行、维护和抢修安全技术规程等相关标准，完善城市管道安全保障与灾害应急管理等重点领域标准规范。各地城市燃气管道等老化更新改造要严格执行现行相关标准。

（四）强化市场治理和监管。完善燃气经营许可管理办法等规定，各地立足本地实际健全实施细则，完善准入条件，设立退出机制，严格燃气经营许可证管理，切实加强对燃气企业的监管。加强城市燃气管道等老化更新改造相关产品、器具、设备质量监管。支持燃气等行业兼并重组，确保完成老化更新改造任务，促进燃气市场规模化、专业化发展。

（五）推动法治化和规范化管理。研究推动地下管线管理立法工作，进一步规范行业秩序，加强城市燃气管道等建设、运营、维护和管理。推动有关地方加快燃气等管道相关立法工作，建立健全法规体系，因地制宜细化管理要求，切实加强违建拆除执法，积极解决第三方施工破坏、违规占压、安全间距不足、地下信息难以共享等城市管道保护突出问题。

（六）强化组织保障。省级政府要结合贯彻落实《国务院办公厅关于加强城市地下管线建设管理的指导意见》（国办发〔2014〕27 号）和《国务院办公厅关于推进城市地下综合管廊建设的指导意见》（国办发〔2015〕61 号）等文件要求，加强对本地区城市燃气管道等老化更新改造的统筹指导，明确城市（县）政府责任，加快推动相关工作。城市（县）政府要切实落实城市各类地下管道建设改造等的总体责任，主要负责同志亲自抓，把推进城市燃气管道等老化更新改造摆上重要议事日程，健全工作机制，落实各项政策，抓好组织实施。住房城乡建设部要进一步加强对城市地下管道建设改造等的统筹管理，会同国务院有关部门抓好相关工作的督促落实。各有关方面要加强城市燃气管道等老化更新改造工作和相关政策措施的宣传解读，及时回应社会关切。

附录六：《住房城乡建设部关于扎实有序推进城市更新工作的通知》

(建科〔2023〕30 号)

各省、自治区住房城乡建设厅，直辖市住房城乡建设（管）委，新疆生产建设兵团住房城乡建设局：

按照党中央、国务院关于实施城市更新行动的决策部署，我部组织试点城市先行先试，全国各地积极探索推进，城市更新工作取得显著进展。为深入贯彻落实党的二十大精神，复制推广各地已形成的好经验好做法，扎实有序推进实施城市更新行动，提高城市规划、建设、治理水平，推动城市高质量发展，现就有关事项通知如下：

一、坚持城市体检先行。建立城市体检机制，将城市体检作为城市更新的前提。指导城市建立由城市政府主导、住房城乡建设部门牵头组织、各相关部门共同参与的工作机制，统筹抓好城市体检工作。坚持问题导向，划细城市体检单元，从住房到小区、社区、街区、城区，查找群众反映强烈的难点、堵点、痛点问题。坚持目标导向，以产城融合、职住平衡、生态宜居等为目标，查找影响城市竞争力、承载力和可持续发展的短板弱项。坚持结果导向，把城市体检发现的问题短板作为城市更新的重点，一体化推进城市体检和城市更新工作。

二、发挥城市更新规划统筹作用。依据城市体检结果，编制城市更新专项规划和年度实施计划，结合国民经济和社会发展规划，系统谋划城市更新工作目标、重点任务和实施措施，划定城市更新单元，建立项目库，明确项目实施计划安排。坚持尽力而为、量力而行，统筹推动既有建筑更新改造、城镇老旧小区改造、完整社区建设、活力街区打造、城市生态修复、城市功能完善、基础设施更新改造、城市生命线安全工程建设、历史街区和历史建筑保护传承、城市数字化基础设施建设等城市更新工作。

三、强化精细化城市设计引导。将城市设计作为城市更新的重要手段，完善城市设计管理制度，明确对建筑、小区、社区、街区、城市不同尺度的设计要求，提出城市更新地块建设改造的设计条件，组织编制城市更新重点项目设计方案，规范和引导城市更新项目实施。统筹建设工程规划设计与质量安全管理，在确保安全的前提下，探索优化适用于存量更新改造的建设工程审批管理程序和技术措施，构建建设工程设计、施工、验收、运维全生命周期管理制度，提升城市安全韧性和精细化治理水平。

四、创新城市更新可持续实施模式。坚持政府引导、市场运作、公众参与，推动转变城市发展方式。加强存量资源统筹利用，鼓励土地用途兼容、建筑功能混合，探索"主导功能、混合用地、大类为主、负面清单"更为灵活的存量用地利用方式和支持政策，建立房屋全生命周期安全管理长效机制。健全城市更新多元投融资机制，加大财政支持力度，鼓励金融机构在风险可控、商业可持续前提下，提供合理信贷支持，创新市场化投融资模式，完善居民出资分担机制，拓宽城市更新资金渠道。建立政府、企业、产权人、群众等多主体参与机制，鼓励企业依法合规盘活闲置低效存量资产，支持社会力量参与，探索运营前置和全流程一体化推进，将公众参与贯穿于城市更新全过程，实现共建共治共享。鼓励有立法权的地方出台地方性法规，建立城市更新制度机制，完善土地、财政、投融资等政策体系，因地制宜制定或修订地方标准规范。

五、明确城市更新底线要求。坚持"留改拆"并举、以保留利用提升为主，鼓励小规模、渐进式有机更新和微改造，防止大拆大建。加强历史文化保护传承，不随意改老地名，不破坏老城区传统格局和街巷肌理，不随意迁移、拆除历史建筑和具有保护价值的老建筑，同时也要防止脱管失修、修而不用、长期闲置。坚持尊重自然、顺应自然、保护自然，不破坏地形地貌，不伐移老树和有乡土特点的现有树木，不挖山填湖，不随意改变或侵占河湖水系。坚持统筹发展和安全，把安全发展理念贯穿城市更新工作各领域和全过程，加大城镇危旧房屋改造和城市燃气管道等老化更新改造力度，确保城市生命线安全，坚决守住安全底线。

　　各级住房城乡建设部门要切实履行城市更新工作牵头部门职责，会同有关部门建立健全统筹协调的组织机制，有序推进城市更新工作。省级住房城乡建设部门要加强对市（县）城市更新工作的督促指导，及时总结经验做法，研究破解难点问题。我部将加强工作指导和政策协调，及时总结可复制推广的经验，指导各地扎实推进实施城市更新行动。

住房城乡建设部

2023 年 7 月 5 日

附录七：《自然资源部办公厅关于印发〈支持城市更新的规划与土地政策指引（2023版）〉的通知》

（自然资办发〔2023〕47号）

各省、自治区、直辖市自然资源主管部门，新疆生产建设兵团自然资源局：

为贯彻落实党中央、国务院决策部署，发挥"多规合一"的改革优势，加强规划与土地政策融合，提高城市规划、建设、治理水平，支持城市更新，营造宜居韧性智慧城市，部组织制定了《支持城市更新的规划与土地政策指引（2023版）》。现印发给你们，请结合实际抓好落实，因地制宜制订各省市的政策指引并及时总结经验，分析问题和矛盾，重要事项及时报告我部。

自然资源部办公厅

2023年11月10日

支持城市更新的规划与土地政策指引
（2023版）

在我国经济由高速增长阶段转向高质量发展阶段，城市更新成为国土空间全域范围内持续完善功能、优化布局、提升环境品质、激发经济社会活力的空间治理活动，是亟需坚持国土空间规划引领、加强规划与土地政策衔接、统一和规范国土空间用途管制的重要领域。为落实《中共中央国务院关于建立国土空间规划体系并监督实施的若干意见》《全国国土空间规划纲要（2021-2035年）》，自然资源部明确的"严守资源安全底线、优化国土空间格局、促进绿色低碳发展、维护资源资产权益"四个工作定位要求，在总结各地实践经验的基础上，根据相关法律法规和标准规范，组织编制本政策指引，旨在推动支持城市更新的相关规划工作规范开展。各地可结合实际，按照城市更新的总体要求和目标，因地制宜细化要求，开展城市更新的规划与土地政策探索创新。

一、总体目标

坚持"以人民为中心"的发展思想，以"高质量发展、高品质生活、高效能治理"为目标，以国土空间规划为引领，在"五级三类"国土空间规划体系内强化城市更新的规划统筹，促进生产、生活、生态空间布局优化，实现城市发展方式转型，增进民生福祉，提升城市竞争力，推动城市高质量发展，为地方因地制宜地探索和创新支持城市更新的规划方法和土地政策，依法依规推进城市更新提供指引。

二、基本原则

——坚持规划统筹。国土空间规划是国家空间发展的指南、可持续发展的空间蓝图，是优化空间资源配置、开展各类开发保护建设活动的基本依据。应强化国土空间规划对各专项规划的指导约束作用，统筹城市更新相关规划和实施全过程，有序推进有机更新。

——坚持底线管控。严守资源安全底线，应严格落实国土空间规划确定的各类管控要求，坚持民生保障、公益优先、补齐短板、保障安全、修复生态、保护传承历史文化，持续改善人居环境品质。

——坚持节约集约。应坚持节约集约利用土地，将存量空间作为规划对象，提倡土地混合使用和空间功能复合，促进空间资源的高效利用。

——坚持绿色低碳。应以生态优先、绿色发展为导向，充分体现人与自然的和谐发展，推进高质量发展，适应未来发展需要。

——坚持多方参与。维护资源资产权益,尊重合法权益,建立多元主体全过程、实质性、高效率的参与机制,充分发挥政府、市场和社会各方的积极性,促进合作共赢,推进治理创新。

——坚持因地制宜。应充分结合不同地区城市发展阶段和不同更新对象的具体情况,因地制宜、一地一策,差异化确定更新对策、更新方式和更新政策,高质量实施城市更新。

三、将城市更新要求融入国土空间规划体系

各级各类国土空间规划的编制应根据城市发展的阶段特征和推进城市更新的要求,着力完善国土空间规划内容和规划管理程序,充分适应城市高质量发展的需要,将有关城市更新的国土空间规划要求纳入国土空间规划"一张图"实施监督信息系统进行管理。

(一)总体规划要提出城市更新目标和工作重点

1. 总体规划

国土空间总体规划(以下简称"总体规划")应结合城市发展阶段和总体空间布局要求,识别更新对象,提出城市更新的规划目标、实施策略、阶段工作重点以及相关规划管控和引导要求。

——在市/县域层面,在摸清底图底数的基础上,按照全域全要素管控引导要求,明确更新对象的识别原则,提出城市更新的规划目标和工作重点,制定推进城市更新的时序要求和空间管控引导措施。

——在城区层面,根据城市更新的规划目标和工作重点,系统识别更新对象,确定城市更新的重点地区和工作任务。可根据实际需要,拟定城市更新用地的总体规模,划定城市更新

规划单元。

2. 近期行动计划

需明确近期重点推进的更新区域和重大更新项目，拟定近期城市更新任务清单，并纳入总体规划的近期行动计划。

（二）详细规划要面向城市更新的规划管理需求

1. 详细规划的编制

国土空间详细规划（以下简称"详细规划"）是实施城乡开发建设、整治更新、保护修复活动的法定依据。详细规划应结合城市更新实施的特点，面向规划管理需求，将总体规划确定的强制性管控要求、引导措施和城市更新的规划目标，通过"更新规划单元"和"更新实施单元"两个层面分层落实到详细规划中。

——更新规划单元详细规划。应以总体规划为依据，确定更新对象，分解落实总体规划相关要求，明确更新规划单元的发展定位、主导功能及建筑规模总量，提出更新对象的更新方式指引，优化功能结构、空间布局，完善道路交通，提出有关公共服务设施和市政基础设施配置以及空间尺度、城市风貌等底线管控和特色引导要求。更新规划单元详细规划是更新实施单元详细规划编制的依据。

——更新实施单元详细规划。应依据总体规划、根据更新规划单元详细规划，确定更新实施单元的主导功能，结合实施需要、权属关系明确更新对象用地边界，根据不同更新对象的特点优化细化更新规划单元的各项规划管控和引导要求并落实到地块。在更新实施单元详细规划中需充分考虑自上而下的要求、自下而上的诉求以及更新对象的具体情况，协调政府、原权利人、市场主体等各类利益相关方的意愿和诉求，结合更新项目的实施机制和市场需求，研究适配的规划和土地政策。更新实施单元详细规划宜结合城市更新项目

154

实施时序动态编制,是提出更新项目规划条件、规划许可和方案设计的依据。

2. 详细规划的动态维护与修改

为提高对城市更新项目规划管控的精准性和合理性,可对更新规划单元和更新实施单元详细规划进行动态维护和规划修改。

——动态维护。在不突破总体规划和更新规划单元详细规划强制性管控要求的前提下,可通过局部技术性修正和优化调整的方式,对更新规划单元及更新实施单元的详细规划进行动态维护,经法定程序审批后纳入国土空间规划"一张图"实施监督信息系统。

——修改。编制更新实施单元详细规划如涉及突破所在更新规划单元(或详细规划编制单元)强制性规划管控要求的,须经过法定的规划修改程序将更新规划单元及更新实施单元的详细规划予以法定化。

(三) 专项规划要因地制宜、多措并举适应城市更新

各类专项规划应充分考虑既有建成环境条件和土地资源情况,在城市更新中综合运用集约复合、多措并举的适用性方式,因地制宜地满足各专项系统的建设要求。涉及详细规划调整的,依法履行调整程序。

(四) 规划许可要有效保障城市更新实施

在确保安全并符合其他相关技术规范等要求的前提下,按照权益保障、渠道畅通的优化办理原则,鼓励探索适应城市更新不同情形的建设用地规划许可和建设工程规划许可办理程序和规则,并与相关行政许可做好衔接,有效保障城市更新实施。

四、针对城市更新特点，改进国土空间规划方法

国土空间规划需要针对城市更新的特点，自上而下、自下而上地开展充分的调查评估，明确城市更新的规划导向，因地制宜地结合城市更新的可实施性，提高规划编制的适应性和对市场的响应性。

（一）开展针对性调查，做好体检评估

在国土空间规划中应认真做好城市更新的调查与评估工作。城市更新的调查与评估一般包括（但不限于）如下方面：

——识别更新对象。将经调查分析后认为生活和生产环境不良、存在安全隐患、市政基础设施和公共服务设施不完善、对环境造成负面影响、城市活力不足、土地利用低效、土地用途和建筑物使用功能不符合城市功能布局和发展要求的片区、建筑物、设施和公共空间等空间对象优先确定为更新对象。

——做实基础调查。综合利用国土调查、城市国土空间监测、地籍调查、国土空间规划、城市体检评估、人口调查、不动产登记等成果，梳理更新对象的现状土地开发强度、土地使用年限、土地和建筑物产权关系及其权属边界、土地用途和建筑物使用功能、建筑质量、人口规模、人口结构等情况以及历史遗留问题等信息，并将各类数据按汇交要求纳入国土空间基础信息平台，做实城市更新的规划调查基础。

——开展前期评估。开展市政和交通基础设施、公共服务设施和资源环境等承载力评估，加强城市安全、历史文化和生态与自然景观保护、社会稳定等方面的风险影响评估。根据城市更新的需要可同时开展其他方面的专项评估。

(二)梳理更新需求和更新意愿

在国土空间规划中通过对客观问题、居民需求两方面的调查分析,汇总形成城市更新的问题清单和需求清单及其空间分布信息,对城市更新涉及的各类权利主体进行更新意愿调查,依法依规尊重相关权利人的合法权益。

(三)开展城市设计等专题研究,前置运营设计

结合详细规划,可按需开展产业转型升级、综合交通、历史文化保护、公共服务设施、市政基础设施、地下空间、土壤修复、防灾减灾等方面的研究,并着重围绕城市更新的可实施性,加强城市更新项目运营维护、收益分配,以及建筑工程投资测算等方面的专题研究。深入应用城市设计理念和方法,提高城市空间场所品质。研究结论将作为确定详细规划相关规划指标和管控要求的参考依据。

(四)明确更新重点和更新对策

1. 促进产业转型升级

以产业转型和业态升级为目标,以功能复合、土地和建筑物利用效率提升为重点,老旧厂区和产业园区更新应聚焦产业转型升级和发展新兴产业,合理增加产业及配套建筑容量,鼓励转型升级为新产业、新业态、新用途,鼓励开展新型产业用地类型探索,推进工业用地提质增效,促进新旧动能转换。合理配置一定比例的产业服务设施,促进产城融合;老旧商业街区和传统商圈更新应注重保留特色业态、提升原业态、植入新业态、复合新功能,促进商业服务业和消费层级的多样化发展,推进服务扩容、业态升级与功能复合,提升消费空间品质。

2. 扩容升级基础设施

以保障安全和提升承载力、"平急两用"为目标，以消除具有重大灾害风险的空间隐患、增强城市生命线系统可靠性、合理提高市政基础设施标准为重点，健全基础设施体系，提高基础设施服务水平。

3. 提升社区宜居水平

以建设"15分钟社区生活圈"为目标，重点改善居民住房条件，重点开展市政基础设施更新改造，重点完善公共空间和公共服务设施，重点保障生命安全通道畅通，合理解决停车难问题，同步开展风貌和环境整治，积极通过存量挖潜和扩容提质，盘活存量闲置和低效利用的房屋和用地，关注弱势群体，补齐短板，消除公共服务盲区，切实提升社区宜居水平。

4. 保护传承历史文化

以保护历史文化资源和历史风貌为目标，以体现城市发展历史的连续性为原则，全面梳理和保护利用更新范围内的历史文化资源。分级分类保护各类不可移动文物、历史建筑、历史文化保护区和古树名木，不拆真建假；加强历史城区和历史风貌的保护与传承，不大拆大建；在对各类定级文化遗产依法保护的基础上，在城市更新中全面开展对未定级历史文化资源的梳理和评估并提出保护管理要求，建立预保护制度；在保护文化遗产真实性和完整性前提下，着力加强文化遗产的活化利用，凸显城市风貌特征。

5. 优化公共空间格局和品质

因地制宜地增加公共空间的数量和规模，着力完善公共空间布局，优化公共空间功能，强化公共空间的慢行可达性，提升公共空间的服务辐射范围和服务品质；重视将城市蓝绿空间等生态系统要素有机纳入城市公共空间体系，在保护并修复生态系统功能的基础上着力提升城市公共空间的环境品质和生态服务功能。

6. 倡导绿色和数字智能技术

城市更新应面向城市未来发展趋势,积极融入城市发展新理念、城市建设新技术,可重点考虑如下方面:

——以慢行友好和公交优先为导向,在城市更新中结合现有路网和功能布局建设慢行网络,整合多种公交模式优化公交网络,增强就业地、居住地与交通节点、公共服务设施、公共空间的连接性。

——以绿色发展为导向,结合新要求与新技术,重点推进既有建筑绿色化、节能化改造和基础设施绿色化、集约化更新。

——以智慧建设、智慧服务、智慧治理为导向,鼓励在城市更新中采用数字化技术手段,提高城市数字化、网络化、智能化水平,推进智慧城市建设。

(五)确定更新方式和更新措施

按照"留改拆"的优先顺序,在更新规划单元详细规划中对更新对象组合采用保护传承、整治改善、改造提升、再开发和微改造等更新方式,并明确其适用条件。以"保护优先、少拆多改"为原则,在更新实施单元详细规划中对各类建(构)筑物、设施、空间等空间对象,研究确定保护、保留、整治、改建、拆除、重建(含复建和新建)等更新措施。

(六)拟定更新实施安排

在详细规划中应以"整体性、同步性"为原则,研究划定城市更新的具体范围,拟定更新项目清单和更新实施计划,在统一规划的前提下协同实施。统筹考虑投资成本、运营效益、收益分配、公益性贡献、实施路径和机制等内容,提出城市更新的项目实施建议。

五、完善城市更新支撑保障的政策工具

为推动城市更新落地实施，应结合城市更新的需要和具体情况，积极探索适应城市更新特点的、差异化的规划和土地政策，充分激发多元主体的更新意愿，鼓励建立城市更新的多元合作模式，以国土空间规划为依据协同推动城市更新实施。

（一）优化规划管控工具

1. 复合利用土地

以提升城市活力和功能集聚度、节约集约利用土地为导向，加强土地复合利用，确定不同情形下土地复合利用的正负面清单和比例管控要求，重点可考虑以下情形：

——在产业用地更新时鼓励配置一定比例的其他关联产业功能和配套设施，促进产业转型升级和产业社区建设。

——在轨道交通站点周边、公共空间周边、各级公共活动中心、重要滨水活动区、历史文化保护区等区域，鼓励土地混合使用，通过多功能复合吸引人口集聚，促进地区活力提升。

——在社区更新中鼓励将居住、研发、办公、商业和公共服务等功能在不影响相邻功能前提下复合设置，建设宜居宜业的生活社区。

——除必须采用独立用地方式建设的设施外，鼓励用地和建筑功能在地上地下统筹安排，在确保安全的前提下复合设置，提高土地节约集约利用水平。

——鼓励在符合规范要求的情况下充分开发利用地下空间，加强地上地下空间的统筹建设和复合利用。

2. 容积率核定优化

以加强保障民生和激励公益贡献为导向核定容积率，在依

法依规制定相关规则时,可重点考虑以下情形:

——为保障居民基本生活需求、补齐城市短板而实施的市政基础设施、公共服务设施、公共安全设施项目,以及老旧住宅成套化改造等项目,在对周边不产生负面影响的前提下,其新增建筑规模可不受规划容积率指标的制约。

——在规划条件之外,对多保留不可移动文物和历史建筑、多无偿移交政府的公共服务设施等公益性贡献,其建筑面积可按贡献的相应建筑面积补足。

——为满足安全、环保、无障碍标准等要求,对于增设必要的楼梯、电梯、公共走廊、无障碍设施、风道、外墙保温等附属设施以及景观休息设施等情形,其新增建筑量可不计入规划容积率。

3. 建筑规模统筹

以保护文化遗产、历史风貌、山水格局和优化布局为导向,在符合更新规划单元规划要求的前提下,更新实施单元规划的建筑量可在更新规划单元内统筹布局、精准投放,鼓励探索规划建筑量跨更新规划单元进行统筹及异地等价值转移的政策和机制。

4. 负面清单管控

为适应各种不同的城市更新情形,在落实规划强制性要求的前提下,在国土空间规划的编制和实施管理中可采取负面清单管控的方法,以规划的弹性适应市场的不确定性,增强规划实施的操作性,并为创新实践提供空间。

5. 技术标准差异化

鼓励根据实际情况,结合城市更新需求,完善地方规划和建设技术标准。

——在保障公共安全的前提下,尊重历史、因地制宜,在城市更新中对建筑间距、建筑退距、建筑面宽、建筑密度、日照标准、绿地率、机动车停车位等无法达到现行标准和规范的情形，可通过技术措施以不低于现状条件为底线进行更新，并鼓励对现行规划技术规范进行适应性优化完善。

——鼓励有关行业部门积极探索创新、有效、适用的技术和管理措施，以适应城市更新需求为重点，补充完善各类行业用地标准以及消防、人防、市政等工程技术标准和规范。

（二）丰富土地配置方式

1. 盘活利用存量低效土地

对已经开展调查认定和上图入库，纳入国土空间规划"一张图"实施监督信息系统的低效用地，可以采取多种方式盘活利用。

——原划拨土地使用权人申请办理协议出让，划拨土地使用权转让申请办理协议出让，经依法批准，可采用协议出让方式办理出让手续，但《国有建设用地划拨决定书》、法律、法规、行政规定等明确应当收回国有建设用地使用权重新公开出让的除外。

——以租赁方式取得土地的非商品住宅类更新项目，在租赁期内依法依规完成更新改造的，可在租赁期满后依法以协议出让方式取得土地。

——鼓励原土地使用权人依法以转让、经分割审批后部分转让或出租土地使用权等方式盘活利用。

——原划拨土地改造开发后用途仍符合《划拨用地目录》的，可继续按划拨方式使用。

2. 规范土地复合利用

规范土地复合利用，推动在城市更新中复合利用、节约集约利用土地，主要涉及土地用途和土地使用年限确定及土地价款计收。

——复合利用土地的用途可按主用途确定，主用途可依据建筑面积占比确定，也可依据功能的重要性确定。土地主用途与原用途一致的，按土地原用途管理；土地主用途与原用途不一致的,依法办理土地用途变更。

——复合利用土地的使用年限可根据土地用途不同,分别设定出让年期,但不得超过对应用途最高出让年期。

——复合利用土地的出让底价按不同用途土地分项评估后确定。

(三) 细化土地使用年限和年期

在城市更新中为适应市场需求,鼓励灵活确定土地出让年限和租赁年期。

——对城市更新项目重新组织国有建设用地使用权出让的,可以重新设定出让年限。

——为适应产业发展的实际需要,城市更新可考虑采用少于法定最高出让年限或租赁年期供应产业用地,并允许根据需要予以续期,包括续期在内的总年限不得超过该用途土地的法定最高出让年限或租赁年期。

(四) 实施差别化税费计收

以"无收益、不缴税"为原则,城市更新项目可依法享受行政事业性收费减免和税收优惠政策,同时加强对国有建设用地使用税的征管。

——对在城市更新项目中提供公益性建设、实施产业转型升级的,鼓励相应土地在流转中适度减免土地增值税或降低所得税税率。

——探索差别化的国有建设用地使用税税收政策,对闲置和低效的城镇用地加强国有建设用地使用税的征管,促进土地高效利用。

(五) 优化地价计收规则

鼓励在城市更新中优化完善地价计收规则。

——改变用途后,补缴土地价款的计收,可以分区域、用地类别，制定以公示地价（或市场评估价）的一定比例核定的统一规则。

——综合考虑城市更新项目土地整理投入、移交的公益用地或建筑面积、配建基础设施和公共服务设施以及多地块联动改造等成本，以市场评估价为基础按程序确定土地价款。

——现有工业用地在符合规划、不改变用途的前提下提高土地利用率和增加容积率的，不再增收土地价款。

（六）保障主体权益

1. 妥善处置历史遗留问题

按照依法依规、尊重历史、公平公正、包容审慎的原则，根据其成因并兼顾土地管理政策的延续性，在保障无过错方利益的前提下，妥善处置历史遗留问题。

2. 依法依规完成确权登记

在缴清土地价款的情况下，城市更新形成的不动产可根据不同情形依法依规进行不动产登记。

——兼容多种功能的土地和建筑物，对于可分割的可考虑按不同宗地范围、不同建筑区域或楼层办理分割审批手续、分区分层设权后，办理不动产登记。

——立体开发的土地，可考虑按地表、地上、地下分层或按建筑功能分区办理分割审批、分别设权后，办理不动产登记。

六、加强城市更新的规划服务和监管

对城市更新开展全流程、精细化、动态化的规划监督和实施评估，搭建政府、市场、社会在开展城市更新时的供需对接平台，保障城市更新高质量落地实施。

（一）完善全生命周期管理

1. 建立健全由"基础信息-意愿征询-编制审批-实施协商-土

地供应-规划许可-验收核实-产权登记-监测监管-实施评估"等环节构成的城市更新全生命周期规划管理体系。

2. 建立健全相关利害关系人、社会公众、专家、媒体的参与监督机制,建立健全共商、共建、共治、共享的全过程城市更新多方参与机制。

3. 建立健全要素保障机制,重点考虑土地要素与城市更新规划管理联动,有效解决存量空间盘活利用问题。

(二)促进市场供需对接

1. 鼓励依托国土空间基础信息平台和国土空间规划"一张图"实施监督信息系统,结合年度国土变更调查、城市国土空间监测、国土空间规划城市体检评估等工作,推进各类经济社会信息数据的加载,搭建适用于城市更新的规划管理和规划服务平台,加强空间治理的基础支撑。

2. 推动政府更新项目、近期待更新项目地块、规划管控要求及配套政策等信息的公开公示,促进市场与更新项目进行对接,充分发挥政府推动公益性更新项目的辐射和撬动作用。

(三)强化土地合同监管

1. 根据城市更新项目的具体情况,通过在其土地使用权出让合同或履约监管协议中纳入相关的要求及违约责任和解决争议的方法等方式,明确实施主体的责任义务、监管内容和监管措施等,鼓励相关行业主管部门通过信息共享、协同管理,加强履约情况监管。

2. 未依法将规划条件、产业准入和生态环境保护要求纳入合同的,合同无效;造成损失的,依法承担民事责任。

(四)加强规划实施评估

1. 在城市国土空间监测和国土空间规划城市体检评估工作

中对城市更新开展全流程、精细化、动态化的规划监督，将相应的体检评估结果作为编制、审批、维护、修改规划和审计、执法、监督等工作的重要参考。

2. 依据国土空间规划目标和管控要求，结合更新实施计划，定期对城市更新项目的实施过程、对经济社会发展的贡献以及产生或可能产生的负面影响等实施结果进行动态评估，及时发现问题并督促整改。

附录八：财政部办公厅 住房城乡建设部办公厅 《关于开展 2025 年度中央财政 支持实施城市更新行动的通知》

（财办建〔2025〕11 号）

各省、自治区、直辖市财政厅（局）、住房城乡建设厅（局、委）：

为贯彻党的二十大、二十届三中全会关于实施城市更新行动的决策部署，落实中央经济工作会议和政府工作报告有关要求，中央财政继续支持部分城市实施城市更新行动，探索建立可持续的城市更新机制，推动补齐城市基础设施的短板弱项，加强消费型基础设施建设，注重向提振消费方面发力，促进城市基础设施建设由"有没有"向"好不好"转变，解决人民群众的急难愁盼问题，实现城市高质量发展。现就有关要求通知如下：

一、工作目标

财政部会同住房城乡建设部通过竞争性选拔，确定部分基础条件好、积极性高、特色突出的城市，在城市层面探索整合各类资源，探索建立资金、用地、金融等各类要素保障机制，形成工作合力。中央财政对入围城市给予定额补助。入围城市制定城市更新工作方案，统筹使用中央和地方资金，完善法规制度、规划标准、投融资机制及相关配套政策，探索城市更新可复制、可推广的机制和模式。力争通过三年探索，城市地下管网等基础设施水平明显提升，生活污水收集处理效能进一步提高，老旧片区宜居环境建设取得明显成效，形成可复制、可推广的模式和经验。

二、支持范围和申报条件

2025 年，中央财政支持实施城市更新工作的范围为大城市及以上城市，共评选不超过 20 个城市，主要向超大特大城市以及黄河、珠江等重点流域沿线大城市倾斜。

每省（区、市）可推荐 1 个城市参评，申报城市需同时满足以下基础条件：

1. 建立推动城市更新工作的组织领导和协调工作机制，并制定中央财政支持实施城市更新行动工作方案，具体实施范围集中在城市老城区；

2. 城市财力应满足城市更新投入需要，地方政府债务风险低，不得因开展城市更新形成新的政府隐性债务；

3. 2023 年（含）以来，在住房和城乡建设领域未出现重大生产安全事故或重大负面舆情事件。

三、遴选组织方式

城市选拔采取竞争性评审的方式选拔确定，重点向基础工作扎实、条件俱备、积极性高的城市倾斜。

（一）省级推荐。省级财政、住房城乡建设部门对照申报工作要求，择优推荐本地区符合条件的城市参与评审，组织编制工作方案，并提供必要的支撑材料。直辖市可由城市政府有关部门直接申报。

（二）书面评审。财政部、住房城乡建设部组织专家对城市申报方案进行审查。按照 120％差额比例确定进入现场答辩的城市名单。

（三）现场答辩。进入现场答辩的各城市派员参加公开答辩，具体要求另行通知。

（四）集中公示。综合书面评审和现场答辩得分情况，确定入围城市。入围城市经过公示，无异议的确定为中央财政支持实施城市更新行动城市。存在违规行为并经查实的，取消资格。

四、补助标准和支持范围

（一）中央财政资金补助标准。中央财政按区域对实施城市更新行动城市给予定额补助。其中：东部地区每个城市补助总额不超过 8 亿元，中部地区每个城市补助总额不超过 10 亿元，西部地区每个城市补助总额不超过 12 亿元，直辖市每个城市补助总额不超过 12 亿元。资金根据工作推进情况分年拨付到位。

（二）资金支持方向。中央财政资金支持城市更新的样板项目建设和机制建设 2 个方向：

1. 城市更新重点样板项目。一是城市供排水、燃气、供热等城市地下管网更新改造和经济集约型综合管廊建设；二是城市生活污水处理"厂网一体"、城市生活污水管网全覆盖样板区建设等；三是生活垃圾分类处理、建筑垃圾治理、综合杆箱、危旧桥梁、机械停车设施等市政基础设施提升改造；四是历史文化街区、老旧小区、口袋公园、绿地开放共享等既有片区更新改造，注重文化、旅游、餐饮、休闲娱乐等一体打造，加强消费型基础设施建设。

2. 城市更新机制建设。一是项目储备和生成机制。近远结合、系统谋划建设项目，城市更新项目谋划、储备、实施时序的方式，可形成的机制包括但不限于城市体检、城市更新专项规划、房屋全生命周期安全管理、城市更新项目储备库建设、建设成效后评估机制等。二是资金安排和筹措机制。建立有利于统筹用好财政、金融资源的机制。财政资金方面，充分运用好国债资金、中央预算内投资、地方政府一般公共预算、地方政府专项债券、其他政府性基金预算、国资预算等，最大程度发挥财政资金效能。金融支持方面，探索优化金融机构信贷支持模式，鼓励社会资本进入。同时，建立合理的成本分担机制，如污水全覆盖样板区和"厂网一体"运行维护机制，以污水收集效能提升为导向的按效付费机制，居民小区二次供水设施专业化服务机制，建立地下管网"一张图"设施动态更新机制和长效运行机制等。三是用地保障和审批机制，包括盘活利用存量低效用地、规划制度，适用于改造类项目的城市更新项目审批制度，城市更新有关法规制度和技术标准等。中央资金可用于上述三类机制建立过程中的相关支出。

各城市要按照因地制宜、因城施策的原则，突出本次城市更新的重点内容，聚焦城市老城区，集中打造城市更新的样板项目，形成样板片区。同时，应与现有支持政策做好统筹衔接，具体项目上不得重复申请中央预算内投资、车购税资金、超长期特别国债等其他渠道中央资金，防止交叉重复。

五、日常跟踪、监督检查及绩效管理

省级住房城乡建设、财政部门应建立对入围城市的日常跟踪及监督机制，及时将工作进展、存在问题及经验做法等报住房城乡建设部、财政部，原则上每个城市每年不少于 1 期。

财政部、住房城乡建设部按照《中央财政支持城市更新行动绩效评价办法》（财办建〔2024〕46 号）及中央资金预算管理有关要求开展绩效评价。

六、其他事项

（一）参与申报的各省级财政、住房城乡建设部门（直辖市可由城市政府直接报送）应于 4 月 30 日前联合行文报送财政部、住房城乡建设部，并组织申报城市通过财政部、住房城乡建设部邮箱报送电子版（含佐证材料），或通过光盘等移动存储方式邮寄，申报材料不得包含任何涉密文件、涉密内容，电子版材料大小不超过 8GB。

（二）各申报城市应按要求编制工作方案，减少申报工作支出。各地不得委托财政部、住房城乡建设部及其所属行政、企事业单位和工作人员以任何方式（署名或者不署名）参与工作方案的编制工作；不得简单交给中介机构或技术团队"编本子、讲故事"，印制豪华材料。除报送两部门的正式文件外，申报城市实施方案及相关支撑材料一律报送电子版。

（三）请各地严格按照通知明确的数量和要求推荐城市、报送材料等，并对报送内容真实性负责。对不按要求报送或申报内容明显不实的城市，将取消当年申报资格。

（四）经竞争性评审确定入围的城市，请将三年行动总体绩效目标表、2025 年度绩效目标表加盖城市人民政府公章后，于公示期结束前报财政部、住房城乡建设部备案。

联系方式：

财政部经济建设司：

电话：010—68554521，邮箱：shikelu@mof.gov.cn

住房城乡建设部城市建设司：

电话：010—58933160，邮箱：chengshui@mohurd.gov.cn

财政部办公厅

住房城乡建设部办公厅

2025 年 4 月 3 日

后　记

　　城市更新关系城市面貌和居住品质的提升，是扩大内需的重要抓手。2025 年 1 月 3 日召开的国务院常务会议研究推进城市更新工作，提出要支持各地因地制宜进行创新探索，建立健全可持续的城市更新机制，推动城市高质量发展。《中共中央办公厅 国务院办公厅关于持续推进城市更新行动的意见》，将在全国范围内有力推进城市更新工作。

　　城市更新是一项复杂的系统工程，一头连着民生福祉，一头连着城市发展。近年来各地因地制宜进行了大量的城市更新探索，积累了较丰富的经验。作为一名城市建设工作者，认真回顾总结经验、探索城市更新工作的路径，很有必要。

　　本书旨在通过对城市更新相关政策及案例的解读，启发从事城市更新工作的同志思路更加清晰、政策更加熟悉、目标更加明确、成效更加显著，能起到事半功倍的效果。

　　随着互联网的普及、AI 技术的应用，知识的更新日益加快。但也不妨挤点时间静下心来，多读点书、多研究点工作。但愿住房和城乡建设事业发展蒸蒸日上，城市更新步伐不断加快。

　　本书在撰写过程中，得到了江西省住房和城乡建设厅、江西省自然资源厅等单位以及相关同志的帮助，得到了中国建筑工业出版社的支持，在此一并表示感谢！

　　由于水平有限，不足之处敬请读者批评指正。